降低农药使用风险培训指南

全国农业技术推广服务中心

钟天润　杨普云　主编

中国农业出版社

图书在版编目（CIP）数据

降低农药使用风险培训指南 / 钟天润，杨普云主编
. —北京：中国农业出版社，2013.12
ISBN 978-7-109-18672-9

Ⅰ. ①降… Ⅱ. ①钟… ②杨… Ⅲ. ①农药施用—安全技术—指南 Ⅳ.①S48-62

中国版本图书馆CIP数据核字（2013）第288141号

中国农业出版社出版
（北京市朝阳区农展馆北路2号）
（邮政编码 100125）
责任编辑 阎莎莎 张洪光

北京通州皇家印刷厂印刷 新华书店北京发行所发行
2013年12月第1版 2013年12月北京第1次印刷

开本：720mm × 960mm 1/16 印张：11.5
字数：200千字 印数：1 ~ 5 000册
定价：40.00元

编　写　人　员

主　编　钟天润　全国农业技术推广服务中心
　　　　杨普云　全国农业技术推广服务中心

副主编　胡新梅　云南省农业厅
　　　　朱晓明　全国农业技术推广服务中心
　　　　李亚红　云南省植保植检站
　　　　谢义灵　广西壮族自治区植保总站

参编人员（按姓氏笔画排序）

王华生　广西壮族自治区植保总站
王凯学　广西壮族自治区植保总站
王德海　云南省植保植检站
朱晓明　全国农业技术推广服务中心
刘　萍　云南省昆明市植保植检站
杨加凤　云南省永胜县植保植检站
杨红艳　云南思力农药替代中心
杨普云　全国农业技术推广服务中心
李亚红　云南省植保植检站
吴阳文　云南省师宗县植保植检站
吴晓波　云南省植保植检站
何雄奎　中国农业大学
汪　铭　云南省植保植检站

陈文革　广西壮族自治区融安县植保植检站
胡新梅　云南省农业厅
钟天润　全国农业技术推广服务中心
侯玉婷　中国/FAO降低农药风险项目助理
徐盛刚　广西壮族自治区南宁市植保植检站
韩清瑞　全国农业技术推广服务中心
谢义灵　广西壮族自治区植保总站
谢锦灵　广西壮族自治区宜州市植保站

序

PREFACE

过去半个世纪以来，农业生产以集约利用农药、化肥等农业投入品为基础，提高了全球粮食产量和人均粮食消费量，极大地保障了世界粮食安全。但与此同时，农药等投入品的滥用和乱用也使农业生产陷入了危险的境地：生态系统遭到破坏、害虫抗药性增加、次要害虫变为主要害虫、农药残留超标、生物多样性被破坏、生产发展后劲受到损害、温室气体排放增加，进而导致气候变化，对食品安全、粮食安全以及农民、消费者和环境的健康构成严重威胁。

全球人口预计将从2010年的约69亿增加到2050年的约92亿。据联合国粮食及农业组织（FAO）预测，到2050年，全球农业生产必须增加70%，而发展中国家则差不多要翻番，才能满足额外增加的食物需求。随着工业化和城镇化的推进，中国粮食安全也面临着新的挑战。如何才能实现生产的可持续发展，使“绿色革命”保持常绿？

发展生态友好型农业，节约投入、保持增长，能够在实现作物高产的同时保护环境健康。FAO多年来一直为亚太区域国家提供有害生物综合治理（IPM）技术支持，从20世纪80年代末就开始在东南亚和南亚国家实施区域水稻IPM项目，之后将作物继续扩大到棉花和蔬菜上。FAO降低农药风险（PRR）项目自2007年开始在南亚和东南亚的泰国、越南、老挝和中国实施，是在区域长期IPM实践基础上的发展和创新。FAO通过促进各个国家出台农药管理政策、开展有效的农药监管和开展基于草根的

IPM社区教育，包括开办农民田间学校来促进生产力提高、加强生态系统服务功能并促进农业向可持续农业生产方式转变。IPM和PRR倡导农业可持续集约化的生产方式，通过保护和利用生态系统来解决农作物生产上的病虫害问题，采用IPM的方法来管理有害生物，这样既可持续提高生产力，又不造成生态破坏。FAO区域IPM和PRR项目旨在促进区域间开展生态友好型农业的经验分享和人员交流合作来促进各个国家IPM的发展。中国自20世纪80年代就一直得到FAO的IPM项目支持，积累了IPM和PRR实施的宝贵经验，可以与其他国家分享，促进南南合作和区域合作发展。

这本《降低农药使用风险培训指南》是一本实用工具书，多年开展IPM和PRR培训、有着丰富一线农民培训经验的辅导员为本书的编写作出了贡献。希望本书能得到广泛传播和使用，以利于更好地传播IPM和PRR的理念和经验，使更多人能投入到IPM和PRR的实践中来，为中国农业的可持续发展作出贡献，为FAO的可持续集约化农业政策和“节约与增长”策略作出贡献。

希望更多的农民能从社区教育中实实在在得到好处，减少和节约投入，增加农产品产量和收益，发展农业生产、改善生活、保护环境。

朴永范

FAO高级植保官员兼亚太区域植物保护委员会秘书长

我国是农药生产及消费大国，目前我国农药中毒、农药残留超标等食品安全事件屡见不鲜，如何降低农药风险从而确保从田间到餐桌的食品安全？从田间开始采取行动是重要环节和保障措施。多年来的实践证明，有害生物综合防治农民田间学校这种参与式培训模式可以有效地贯彻绿色防控理念、推广无公害栽培技术。农民在参与式的学习过程中被充分赋予发言权、分析权和决策权，对培养农民专家和农民带头人，增强农民和社区的自我发展能力有明显的作用。

农民田间学校（FFS）最早通过全国农业技术推广服务中心与联合国粮食及农业组织实施的水稻有害生物综合治理（IPM）项目引进我国。1988年，我国加入联合国粮食及农业组织国家间水稻有害生物综合治理（IPM）项目并开始探索一种新颖的以农民为中心的参与式IPM农民培训和推广方式——农民田间学校。1994—2004年我国累计开办水稻农民田间学校辅导员培训班20多个、稻农田间学校3万多所，为四川、湖北、湖南、河南、安徽、浙江和广东等省份培训农民田间学校辅导员600多人、稻农10万多人。2000—2005年，我国参与了欧盟/联合国粮食及农业组织（EU/FAO）区域棉花有害生物综合治理（IPM）项目，极大地支持了5个棉花主产省份农民田间学校的开展。2000—2004年累计开办棉花农民田间学校辅导员培训班8个、棉农田间学校1 000多所，为山东、湖北、安徽、河南和四川培训农民田间学校辅导员240多人、棉农3万多

人。2003—2008年，我国参与了联合国粮食及农业组织（FAO）区域蔬菜IPM项目，蔬菜IPM项目共举办辅导员培训班和辅导员提高班9个，开办蔬菜IPM田间学校300多所，为云南培训辅导员250多人，培训菜农1万多人。

我国于2007年加入了由瑞典化学品管理局资助的FAO东南亚降低农药风险（PRR）项目，旨在加强农业和工业化学品持续管理的能力，以降低农药对人类健康和环境的风险，通过多部门合作和区域合作来解决农药的滥用和乱用问题，提升农业生态安全和农产品质量安全，减少农药中毒事件的发生。项目由全国农业技术推广服务中心牵头，与FAO共同实施，截至2013年9月，中国/FAO降低农药风险项目已经在云南和广西开办辅导员培训班和提高班共9个，为云南和广西培养了IPM和PRR辅导员270多人，开办IPM和PRR农民田间学校470多所，培训农民14 000多人。与此同时，项目还开发了降低农药风险的短期社区教育培训模式，开展社区培训90期，培训农民2 700多人。农民田间学校目标作物已经覆盖到水稻、小麦、大白菜、生菜、辣椒、南瓜，西葫芦、花椰菜、大蒜、黄瓜、马铃薯、番茄、苹果等粮食作物和经济作物。

经过多年努力，参与式IPM和PRR社区农民培训包括农民田间学校的培训模式得到进一步推广应用和发展创新，农民田间学校已经纳入我国农业技术推广体系改革的重要内容。农民田间学校在培养农民专家，推广绿色防控技术，降低农药对农民、消费者和环境的风险，提高农产品质量安全水平，促进农民增收、农业增效和农村发展方面发挥了积极作用。

本书是为辅导员举办IPM和PRR参与式社区农民培训包括农民田间学校编写的，对从事农业植物保护工作的管理、推广人员也有参考借鉴价值。全书吸取了我国和国际上多年实施IPM项目及PRR项目的成功经验，

对在农业、林业、环境保护等方面开展农民培训和健康教育等均有参考价值。

本书一共包括十章，主要介绍了农药的风险、降低农药风险的理论基础、降低农药风险的途径和技术以及在社区开展降低农药风险的农民培训的实践活动。

本书是一本启发性的指南，提供了降低农药风险的技术背景信息和相应的培训活动案例，是培训参考资料而不是教科书。不可以将本书作为生搬硬套的培训技术套餐，而是需要各地根据农民需求，结合当地实际进行创新和发展，来制订具体的培训课程。可以将本书与《农民田间学校概论——参与式农民培训方法与管理》结合使用，互为补充、相辅相成，可以更好地帮助开展参与式农民培训。

本书得到“FAO区域降低农药风险”项目的资助；在编写过程中，得到FAO高级植保官员兼亚太区域植物保护委员会秘书长朴永范博士和FAO区域降低农药风险项目首席技术顾问、区域协调员Jan Willem Ketelaar的指导和审阅；在出版方面，得到FAO驻华代表处戴卫东先生的支持，在此一并表示衷心感谢。

由于编写时间仓促，加之编者水平有限，书中错误和遗漏之处在所难免，期待读者批评指正。

编 者

2013年12月

目录
CONTENTS

第一章 农药的使用风险

根据《中华人民共和国农药管理条例》和《农药管理条例实施办法》，目前我国所称的农药主要是用于预防、消灭或者控制危害农业、林业的病、虫、草和其他有害生物以及有目的地调节植物、昆虫生长的化学合成或者来源于生物、其他天然物质的一种物质或者几种物质的混合物及其制剂。农药的广泛使用，在提高我国农业生产力水平，减少由于病、虫、草害传播而造成的损失，预防虫媒传染病的传播以及改善居家环境方面作出了巨大的贡献。

然而，农药作为一类对生物能起到毒杀作用的物质，对人体健康、生态环境安全、食品安全、农产品贸易等也产生了重大影响。本书侧重于介绍农药的健康风险和环境风险，以及如何在社区中开展降低风险的实践活动，分享中国/FAO降低农药风险项目的运用和创新。

近年来，各级农业部门全面履行监管职责，不断强化监管措施，农产品质量安全保持了“总体平稳、逐步向好”的发展态势。但当前我国农产品质量安全隐患和制约因素仍比较多，提高农产品质量安全、保护人体健康和生态环境等任务仍十分艰巨。

第一节 农药对人类健康的风险

农药产品的毒性分为剧毒、高毒、中等毒、低毒、微毒5个级别，普遍具有急性毒性、慢性毒性以及环境危害性，部分液体农药可能还具有易燃易爆性，使得农药在其整个周期（包括生产、包装、仓储、运输、使用、废弃处理等）都会对人类健康和环境产生很大的安全威胁。

农药可通过眼睛、皮肤、消化道和呼吸道进入人体（图1-1）。

皮肤接触

- 污染的手揉眼睛、农药雾滴溅入眼睛
- 吸入农药污染的空气和灰尘
- 取食带有残留农药的食物
- 泥土和灰尘通过消化道进入内脏

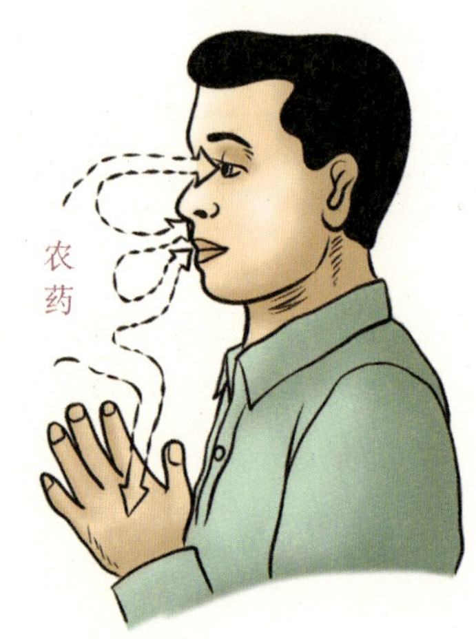

图1–1　农药进入人体的途径

人体不同部位的皮肤对农药的吸收能力不一样。图1-2显示出人体不同部位对对硫磷的吸收率。通过测定对硫磷在人体皮肤上放置24小时后不同部位的吸收量，可以看出，身体有的部位比较容易吸收对硫磷，而另一些部位的皮肤则能更好地起到保护作用而不易吸收。头皮和前额分别吸收了32%和36%的对硫磷，而手掌仅仅吸收了12%的对硫磷，在潮湿和温暖的皮肤区域比较容易吸收。

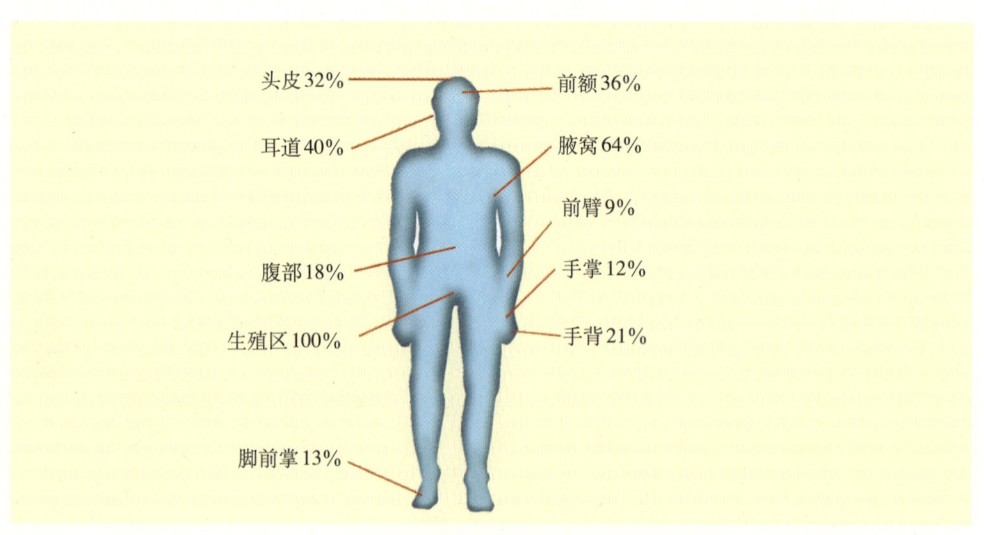

图1–2　人体不同部位皮肤对对硫磷的吸收率
（Marbach，1974）

如果人体内农药含量超过了正常人的最大耐受限量，就会导致机体的正常生理功能失调，引发病理改变和毒性危害，主要表现为急性中毒和慢性中毒。

一、急性中毒

农药进入体内，在短时间内表现出的急性病理反应为急性中毒。据世界卫生组织报告，全世界每年农药中毒者约为250万人，在我国每年农药急性中毒者为5万人以上，其中近万人死亡（姚建仁等，2008）。1997—2003年全国共报告农药中毒108 372例，其中生产性中毒、生活性中毒分别占总中毒例数的25.39%和74.61%，病死率为6.86%（陈曙旸等，2005）。短时间大量接触有机磷农药可引起胆碱酯酶活性下降，出现以毒蕈碱样、烟碱样和中枢神经系统症状为主的全身性疾病（夏宝凤等，1999）。摄入百草枯可引发不可逆转的肺纤维化，并进一步发展为呼吸窘迫综合症，最终因呼吸衰竭而死亡（孙菁，2009）。家用卫生杀虫剂蝇香会引起头昏、头痛、皮疹、口干舌燥等急性不良反应（杨红艳等，2011）。对硫磷、甲胺磷等有机磷农药，毒性较高，短期内摄入一定量便会抑制体内胆碱酯酶的分解，造成乙酰胆碱在体内的积累，导致神经功能紊乱，出现恶心、呕吐、呼吸困难、肌肉痉挛、神志不清、瞳孔缩小等症状。Calvert等（2003）在美国8个州进行的一项针对受雇从事农业劳动的15～17岁未成年人的调查表明，1988—1999年间共发现531例由农药接触引发的急性疾病，其中由杀虫剂引发的占68%；与成年人相比，相同劳动时间内，该年龄段的年轻人患病的比例为成年人的1.71倍。

二、慢性中毒

长期连续接触、吸入农药或者食用含有农药残留的食品，农药将在人体组织内不断蓄积，短时间内不会出现明显的急性中毒症状，但会引起农药慢性中毒，会导致人体生理机能和代谢过程发生变化，对敏感组织、细胞产生毒害作用，人体的免疫功能下降，对生物性感染的敏感性增加，对人体健康构成潜在威胁（图1-3）。

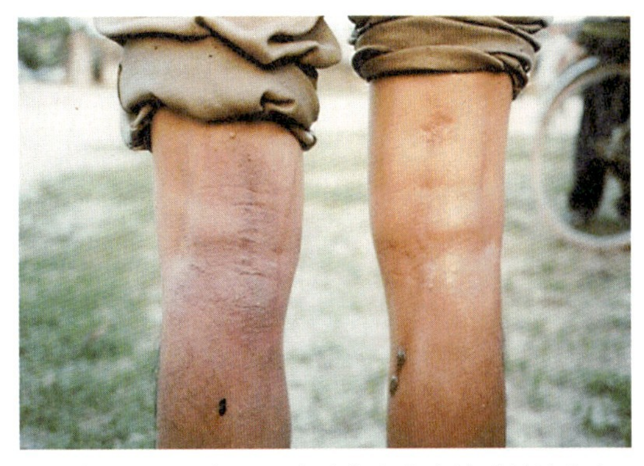

图1—3　越南农民甲胺磷中毒产生的过敏性皮炎
（来源：FAO）

三、农药对人体神经系统的影响

农业生产中广泛使用的有机氯、有机磷和氨基甲酸酯类都属于神经传导抑制剂，可能导致神经系统紊乱，如焦虑、抑郁、狂躁等。Pingali等（1995）的研究结果表明，在长期接触稻田除草剂2，4-D和杀虫剂甲基对硫磷、久效磷、毒死蜱、乙基谷硫磷等农药之后，农业劳动者中患神经系统疾病如多发性神经病和中枢系统功能减弱的患者增多。AL-Shatti等（1997）对科威特1988—1989年70余名使用杀虫剂（包括敌敌畏、二嗪磷、毒死蜱、林丹、甲基嘧啶磷、三唑磷）防治蝗虫的劳动者进行的研究表明，接触组的红细胞胆碱酯酶活性明显下降，中央神经传导速度和腿弯部神经传导速度均低于对照组。Richter和Safi（1997）对长期使用对硫磷、甲基嘧啶磷等有机磷农药1千米区域内生活的居民进行了调查，发现患慢性头痛、恶心、呕吐、呼吸紧迫和痉挛等的人数增多，而且对症状分析后认为，除胆碱酯酶外，可能还有另外一种与神经系统有关的酯酶活性被抑制。

四、农药对人体生殖系统的影响

蓄积在人体内的农药会改变机体中控制生殖的化学物质——激素，影响性器官发育和生殖功能，最终导致不孕或者不育（阎秀花等，2002）。Whorton等（1977）的研究结果表明，长期接触不同种类农药的男性有近半数人的精子数低于正常值；蔡道基（1999）发现杀线虫剂二溴氯丙烷对男性生殖系统会造成永久性损伤，导致不育；有机磷杀虫剂马拉硫磷和敌敌畏则可通过损害精子使受孕和生育能力降低。农药对女性生殖系统的影响主要表现为月经异常、各种不良生殖结局和妊娠并发症，长期接触农药与月经异常、自然流产、早产有一定程度的相关性（孔文明等，2011）。冯小鹿（2001）的研究发现，妇女经期喷施农药，农药很容易通过子宫创面进入身体内部，从而引起月经不调；孕期喷施农药，农药会通过血液循环进入胎盘，引起胎儿先天性畸形，造成流产、早产或死胎；哺乳期喷施农药，农药可以通过血液循环进入乳腺组织，并随乳汁排出，婴儿食用后也会产生中毒现象。

五、三致作用——“致畸、致癌、致突变”

农药的三致作用指的是致畸、致癌、致突变。如果使用的农药对DNA造成损害，就可能干扰遗传信息的传递，引起子细胞突变。当致突变物质作用于生殖细胞，生殖细胞就会发生突变，就会产生致畸作用，若引起体细胞突变便可能致癌。国际癌症研究机构的动物实验证明，18种广泛使用的农药具有明显的致癌性，16种显示潜在的致癌危险性。据估计，美国与农药有关的癌症患者数约占全国癌症患者总数的10%。研究表明，内吸磷、二嗪磷、甲萘威有致畸作用，杀虫脒、杀草强、羟乙基肼与灭草隆有致癌作用，滴滴涕、敌百虫、敌敌畏、乐果有致突变作用。二溴氯丙烷可引起男性不育，对动物有致癌、致突变作用。三环锡、特普丹对动物有致畸作用。二溴乙烷可使人畜致畸、致突变（刘增新，1998）。也有研究表明长期接触家用卫生杀虫剂与儿童急性白血病、造血恶性肿瘤、脑瘤、淋巴瘤等有一定的关联（Xiaomei Ma et al.，2002；Jérémie Rudant et al.，2007；Janice M. Pogoda et al.，1997；Jonathan D. Buckley et al.，2000）。《农药与乳腺癌》一书证实了在亚太地区普遍使用的98种农药、1种助剂以及2种致污染物与乳腺癌的发生有一定的关联（Meriel Watts，2007）。

本节对应的培训活动案例为第八章第一节农药对人类健康的风险培训活动案例。

第二节　害虫再猖獗对农业生产的风险

害虫再猖獗是指应用某些农药防治某些害虫，起初表现出良好的防治效果，害虫数量显著减少，但经过一段时间，可能会引起防治对象或在防治时数量不多的其他害虫大量产生。害虫再猖獗的最主要原因是没有从整个农业生态系统角度考虑农药的使用，打破了生态系统中的相对平衡，因此造成了害虫种群数量变动。与抗药性的影响相同，害虫再猖獗不仅严重破坏了生态平衡，而且使生产成本大幅度上升。

随着全球气候的变化、农业产业结构的调整、农田耕作制度的变更以及害虫适应性的变异等因素的影响，主要农业害虫在我国有再猖獗危害的趋势，发生面积不断扩大、危害频率增加、灾害程度加重。一些历史上已被有效控制的重大害虫再次成灾，例如，20世纪50年代后期蝗虫已被基本控制，但1986—2000年，河南、山东、河北、安徽、山西、陕西、海南等省先后多次发生高密度蝗群。2002年，蝗虫特大暴发，发生面积达4.4亿亩，为40年来发生最为严重的一年。2005年，水稻褐飞虱在江淮及长江中下游稻区暴发，危害面积达2 240万公顷，引起水稻大面积倒伏，甚至整片枯死，损失稻谷300多万吨，直接经济损失40多亿元（康乐，2007）。

农药使用不当还会引起药害，使作物植株发生组织损伤、生长受阻、植株变态、落叶落果等一系列非正常生理变化，影响到农产品产量和品质。

发生药害的主要原因为配制药液不合理、连续重复施药、施药方法不当、施药时期不当、施药环境不适宜和农药质量不合格等。

本节对应的培训活动案例为第九章第二节农药对农业生产的风险培训活动案例。

第三节 抗药性对农业生产的风险

长期单一大量的使用农药，农药防治效果会逐渐下降，以致完全丧失防治病虫害的作用，这种现象即为抗药性。这种抗性可以遗传给后代，这些具有遗传抗性的后代在同一药剂的处理下，最终发展成为抗药性种群，从而使药剂无效并暴发病虫灾害。1960年我国有137种害虫对农药产生抗药性，到了1981年就已经达到589种，20年间增加了400多种。在我国已发现很多害虫对杀虫剂产生了抗药性，如蚜虫对乐果、溴氰菊酯，菜青虫对敌百虫等部分有机磷农药，都有不同程度的抗药性。小菜蛾自1953年被报道对DDT产生抗性后，至今已对50多种农药产生不同程度的抗性，几乎涉及了所有的防治用药。

病虫一旦有了抗药性，为了提高防治效果，往往会不断加大药液浓度，增加用药次数，其结果是药打得越多，病虫抗药性越强，一种新农药在几年时间内防治效果就会越来越差。病虫对农药产生抗性的原因主要有两方面：一是病虫本身的原因，二是使用技术的原因。生物对外界不良环境逐渐适应，是自然界一切生物的本能。病虫也不例外，施药后，一些残存下来的抗性比较强的个体继续繁殖，会产生抗药性较强的后代，如单一多次使用一种农药，某些病虫对所用农药会反复选择和淘汰，抗性差的逐渐死亡，抗性强的继续生存，这样病虫的抗性一代比一代增强，时间一久，就会形成新的抗药性很强的群体，对农作物进行大面积危害。同时药剂本身若湿润性不好或喷洒不均匀，有些耐药力较明显的个体在这种情况下容易逃脱而存活下来，较快地繁殖抗药性后代。

随着农药使用，病虫本身在生理上也会发生一些变化。以适应不良环境，如有些药剂会改变害虫表皮的生理透性，使药剂越来越不容易透过表皮，使害虫不容易中毒；有的则会引起害虫体内酶系统的改变，激活一种解毒酶，使药剂解除毒性，从而失去药效。经常使用同一种农药，会使虫体内某种解毒酶越来越活跃，在解毒酶的作用下，药剂的防治效果会逐渐降低。

美国加利福尼亚对棉花的一项调查显示，抗药性造成的损失约每公顷45～120美元，每年的损失总计为3.48亿美元。通过这些结果对其他农药密集型作物进行推断，美国全国因抗药性造成损失的成本估计每年为14亿美元（Kotche，Matthew J N，1999）。

第四节 农药与贸易风险

随着贸易全球化进程的加快，农药残留已经引起了越来越多的关注。尽管制定农药残留标准的主要目的是确保食品安全，但现在各国越来越将农药残留指标作为市场准入门槛和农产品国际贸易的技术壁垒。最大残留限量（maximum residue limits，MRLs）是农药在某个农产品、食品、饲料中的最高法定允许残留浓度，是指在优良农业规范（GAP）下使用农药时，可能在农产品、食品、饲料中产生的最高残留浓度。

食品出口国除了要考虑本国的农药最大残留限量标准以外，还需要考虑进口国家的农药最大残留限量，农药最大残留限量备受重视，许多国家和国际组织均制定了农产品中农药最大残留限量标准。如何科学合理使用农药来降低农药残留和风险已经成为促进农产品贸易的重要措施。中国农产品企业必须有“从农田到餐桌”的概念，从减少农药使用开始，在加工生产、运输等环节层层严格把控农产品质量，才能在国际市场上顺利过关。

自2013年3月1日起，我国开始实施《食品中农药最大残留限量》标准，该标准成为我国监管食品中农药残留限量的唯一强制性国家标准。该标准制定了322种农药在10大类农产品和食品中的2 293个残留限量，基本涵盖了我国居民日常消费的主要农产品，其科学性、可操作性和系统性有明显提升。标准的出台将会促进农业现代化的发展。制定标准以后能够促进我国的农产品出口，同时对进口的农产品也会更好地监管、检测、把关。

20世纪90年代初，因为农药残留物和病虫害，由危地马拉出口的农作物在美国港口经常遭到扣留或拒收。从1992年起，美国食品和药物管理局对荷兰豆这种危地马拉主要的出口农产品进行自动扣留，主要是因为农药含量高等原因。1995—1997年，从危地马拉出口的荷兰豆全部被美国农业部拒收。结果，1992年以来，危地马拉荷兰豆的出口竞争力被严重削弱。1995—1997年美国对危地马拉荷兰豆的禁令导致其每年损失3 500万美元。

签署美国-多米尼加-中美洲自由贸易协定后，多米尼加通过动植物卫生检疫贸易能力建设项目，加强对公共和私营部门的技术援助，提高其农产品在国际市场中的国际和地区竞争力。项目帮助多米尼加改进对农药残留的检测水平，开发农药使用规定以减少新鲜农产品的农药残留。结果，2007—2010年从多米尼加出口到美国的新鲜农产品被海关扣留的次数从4 000起减少至500起。多米尼加向美国出口新鲜农产品的收入从2007年的2 450万美元增长到2010年的3 200万美元。

日本市场每年进口菠菜4万～5万吨，其中99%来自中国。国际食品法典委员会（CAC）规定菠菜中毒死蜱最高残留限量为0.05毫克/千克，欧盟和美国也为0.05毫克/千克，而日本规定菠菜中毒死蜱最高残留限量为0.01毫克/千克，明显比国际标准和欧美标准严格得多。《实施动植物卫生检疫措施（SPS）的协议》要求各成员所采取的SPS措施不得超过为达到适当的动植物卫生检疫保护水平所要求的限度，不得构成对国际贸易的变相限制。显而易见，日本采取的检验措施已经超出了必要的限度，对中国产品的出口造成了变相的限制。导致2002年1～7月，中国对日本出口蔬菜（包括加工品）72万吨，同比下降7%；出口保鲜蔬菜17.9万吨，下降20%；出口冷冻蔬菜14万吨，下降7%。

中国每年出口茶叶约20万吨，对欧盟的出口量占出口量的18%左右。欧盟于2000年4月28日和6月30日发布指令2000/24/EC和2000/42/EC，又增加茶叶农残限量10项，降低茶叶农残限量6项，茶叶农残限量共有118项。自2001年7月起，欧盟对茶叶中的农残实施更为严格的标准：甲氰菊酯的最大残留限量（MRLs）仅为0.02毫克/千克，氰戊菊酯的MRLs由原来的10毫克/千克降为0.1毫克/千克，仅为原来的1/100。而根据《SPS协议》，MRLs应当依据风险分析原理，并建立在毒理学数据和日允许摄入量（ADI）的基础上。欧盟茶叶MRLs与WHO/FAO食品法典委员会（CAC）茶叶的MRLs相比较，10种农药中7种农药的MRLs仅为CAC规定的1/200～1/2。

在检测茶叶农残的取样方法上，欧盟坚持对干茶叶沫取样，而不对茶汤取样。按照风险评估相关原则，食品中化学物质的最高残留限量应根据人均日摄入量确定。茶叶是用水泡开后饮用的，因此其最高残留限量应根据茶叶所含农药残留向茶汤的释出量而确定。而通常，干茶叶所含农药残留量远远高于其向茶汤的释出量，两者相差一百倍至上千倍。欧盟对干茶叶沫取样检测必将导致出现大量超标现象，欧盟这一做法已使中国的茶叶对欧出口陷入困境。导致2002年中国对欧盟茶叶出口量减少29%，出口额减少1 046万美元。

第五节　农药对环境的风险

农药对环境的污染是多方面的。进入环境的农药在环境各要素间迁移和转化，对整个生态系统造成危害。例如，农田喷粉剂时，仅有10%的农药附在植物体上；喷施液剂时，仅有20%附在植物体上，其余部分约有40%～60%降落于地面，约有5%～30%飘浮于空气中（李翠兰，2009）。落于地面上的农药会随降雨形成的地表径流流入水域，或经过土壤下渗水域下渗进入土壤。这样农药就扩展到大气、水体及土壤中而造成农业环境污染。

农药对大气的污染：农药微粒和蒸汽散发空中，随风飘移，污染全球。据世界卫生组织报告，伦敦上空1吨空气中约含10微克滴滴涕。北极地区的格陵兰，估计在1 500万千米^{2}的水域里每年可能沉积295吨滴滴涕。其原因除了滴滴涕的化学稳定性和物理分散性外，还因其具有独特的流动性；它能随水汽共同蒸发，到处流传，使整个生物圈都受到污染。

农药对水体的污染：农药对水体的污染也是很普遍的。全世界生产了约150万吨滴滴涕，其中有100万吨左右仍残留在海水中。英美等发达国家的几乎所有河流都被有机氯杀虫剂污染了。

农药对土壤的污染：土壤是农药的主要接受体和承载体，土壤对农药具有净化作用。经过这一系列的净化作用会使部分农药失去生物活性，但仍有不少难降解的高毒农药在土壤中残留。曾有报道，分解土壤中95%的六六六最长时间需要20年，DDT被分解95%则需要30年，这些残留在土壤中的农药，虽不会直接引起人畜中毒，但部分被农作物吸收，最终会间接对人类造成危害。由于农药本身不易被阳光和微生物分解，对酸和热稳定，不易挥发且难溶于水，故残留时间很长，尤以对黏土和富含有机质的土壤残留性更大。农药对土壤微生物也同样产生作用，进而影响土壤中酶的活性，使营养物质发生转化，改变农业生态系统营养循环的效率、速度，最终导致土地生产力持续下降。

农药的使用会给生物链带来严重的破坏，而使用高毒农药会使自然界中害虫与其天敌之间的平衡关系被打破。我国有十分丰富的生物资源，其中有许多受到保护的物种，但大量的农药进入环境后，生物多样性被破坏。

就生物防治方面来说，农药经食物链不断浓缩，在消灭害虫的同时也会杀死害虫的天敌，破坏原有的生物物种平衡。许多授粉昆虫，如蜜蜂，也面临着农药的威胁。最近，科学家得出结论，蜜蜂和许多其他授粉昆虫的数量一直在下降。昆虫授粉影响着世界上35%的农作物生产（Klein A M，et al.，2007）。全球授粉农作物产生的经济总价值据估计每年约1 530亿欧元（Gallai N，et al.，2009）。最依赖昆虫授粉的作物为蔬菜和水果，各自的产值约为500亿欧元（Valk，et al.，2013）。虽然目前授粉昆虫的减少还未影响全世界农作物的收成，但是在过去45年中，由于昆虫授粉的农作物种植规模的增加，农业生产更加依赖授粉昆虫。另外，与那些较少依赖授粉的作物相比，完全依赖授粉作物的产量增长率较缓（Aizen M A，et al.，2009），产出量变数更大（Garibaldi L A，et al.，2011）。授粉昆虫为全球自然界提供足够的授粉服务正面临着压力，而与发达国家相比，发展中国家这一问题更加突出（Aizen M A，et al.，2009）。

有害生物、农作物、有益生物及自然环境相互作用，构成一个相互依存、不可分割的系统，在这个系统中，无论哪部分组成发生变化都会影响整个系统的运作，也就会影响整个生态系统的稳定度。一些化学农药的不当使用，在杀死害虫的同时也作用于害虫的天敌，破坏了害虫种群与天敌种群之间的平衡制约关系，从而使部分害虫失去了天敌的控制，同时一部分次要害虫上升为主要害虫危害作物。这些害虫迅速崛起暴发，导致我国有害生物发生频率增加，在20世纪60年代以前，我国的稻飞虱每5～10年甚至更长时间才暴发1次，发生频率为10%～20%，而现在每三年就有2次暴发，且发生频率已上升到80年代的70%。

本节对应的培训活动案例为第八章第三节农药对环境的风险培训活动案例。

第六节　持久性有机污染物农药对人体健康的长期影响

持久性有机污染物（POPs）是一类具有环境持久性、生物累积性、长距离迁移能力和高生物毒性的特殊污染物。POPs对人类健康和生态环境的巨大危害已经引起了世界各国的广泛重视。为了推动POPs的淘汰和削减、保护人类健康和环境免受POPs的危害，在联合国环境规划署的主持下，2001年5月23日包括中国在内的92个国家和区域经济一体化组织在瑞典签署了《关于持久性有机污染物的斯德哥尔摩公约》（以下简称“公约”），已于2004年5月17日正式生效。公约界定了持久性有机污染物的性质，对人们因接触持久性有机污染物而产生的健康问题表示关注，并提出必须在全球范围内对持久性有机污染物采取行动；公约的正文明确规定了缔约国减少或消除排放POPs的措施、实施计划、信息交流、公众宣传认识和教育、研究开发和检测、汇报、责任和争端解决等（详见附录五）。

我国是POPs公约的正式缔约方，是首批签署公约的国家之一，公约已于2004年11月11日在我国正式生效。为了切实履行公约内容，国务院2007年4月批准了《中国履行〈关于持久性有机污染物的斯德哥尔摩公约〉国家实施计划》，拉开了我国淘汰、削减POPs的序幕。

农药艾氏剂、氯丹、灭蚁灵、滴滴涕、狄氏剂、异狄氏剂、七氯、六氯苯、毒杀芬属于持久性有机污染物（POPs）的范畴，会持久性存在于环境中，难以降解，通过生物食物链累积，能通过空气、水和迁徙物种进行长距离越境迁移并沉积到远离其排放地点的地区，随后在那里的陆地生态系统和水域生态系统中积累起来，对当地环境和人类健康造成严重的负面影响。因其具有高毒性、残留持久性、难降解性以及环境迁移性等特点，对环境和人类健康有较高毒性，会造成更为严重的危害，会抑制人体免疫系统的正常反应，影响巨噬细胞的活性，降低生物体的病毒抵抗能力，干扰内分泌系统，造成生殖障碍、先天畸形、机体死亡等；同时还会引起一些其他器官组织的病变，导致皮肤表现出表皮角化、色素沉着、多汗症和弹性组织病变等症状，还可能会致癌，对野生动物和人体健康会造成不可逆转的严重危害（黄琇娟等，2009）。

农药是重要的生产资料，在防治病虫害、提高农作物产量、预防虫媒传染病的传播上功不可没。然而，农药的使用与人类的生产、生活密切相关，农药的过度使用、不当使用必将对人类健康造成极大的危害；严重威胁着人类社会和经济的可持续发展。

本节对应的培训活动案例为第八章第一节农药对人类健康的风险培训活动案例。

第二章 农药中毒的症状识别

第一节 农药中毒的症状和体征

农药中毒会产生中毒症状。有的症状是可以观察得到的，有的是本人可以感觉到，但是别人观察不到，只能通过询问中毒者本人来识别的。

症状是能够通过测试观察或了解到的表现。对于症状的诊断有一些特殊的识别方法。在本节的图和表里，列出了农药中毒的常见症状，与此相对应都有测试方法来鉴别是否有该症状发生。在实际的培训中，可以采用图片、录像以及在社区中找到有症状的人等方式来展示农药中毒的症状（图2-1、图2-2）。这些展示方式在识别眼睛发红、皮肤症状，颤抖和行走不稳等症状时很有效。

图2－1　农药中毒的症状：呕吐

图2－2　农药中毒的体征：头晕

体征本人可以感觉到，但是别人看不到，所以可以通过询问来让本人描述。

对于体征来说，本人的描述很重要。不能只是简单问："你是不是感觉这样或那样？"可以采用试探式的方法来描述体征的具体表现，了解所需信息。所以在提问的时候可以问："在施药以后你有没有觉得气短，就像吸不到足够的空气一样？"

表2-1和表2-2给出了农药中毒症状和体征的识别方法。

表2–1　农药中毒症状识别

症　状	如　何　观　察
颤抖	当拿一张纸的时候手掌和手指颤抖
眼皮颤搐	让患者闭上眼睛假装正在睡觉，同时看眼皮的颤搐
过多出汗	观察前额和上嘴唇的汗珠
眼睛红	眼白部分看起来也是红的
流鼻涕	看患者是否经常擦鼻涕，与感冒不同的是鼻涕是清的，而感冒的鼻涕是黄的或绿的
咳嗽	注意听患者是否经常咳嗽（有可能是抽烟引起的，所以问他们是否咳出以后更糟糕）
呼吸困难	患者呼吸时发出喘息的声音
走路蹒跚	让患者双臂张开，前脚尖与后脚跟相靠走一条直线，如果不能走一条直线就是蹒跚，看起来就像喝醉了
腹泻	排出很多次带水的粪便
皮肤发红	问患者是否有皮疹，看双手、手臂、脚和腿
皮肤上有白的斑点	问患者是否有皮疹，看双手、手臂、脚和腿
鱼鳞状皮肤	问患者是否有皮疹，看双手、手臂、脚和腿（皮肤像鱼鳞）
失去意识/昏迷	患者没有力气，倒在地上，叫不醒
抽搐	抽搐，所有的肌肉收缩，像小孩有时发高烧时的症状。眼睛上翻，牙齿紧闭，整个身体僵硬
呕吐	胃中的所有东西都吐出来

表2–2 农药中毒体征识别

体 征	患者的感觉
喉咙干	就像张着嘴睡觉早晨醒来时候的感觉
疲劳	就像爬过一整天的山
失眠	做噩梦，晚上睡不着
胸痛/烧痛	就像吸入辣椒或烟
麻木	就像坐在脚上太久了，像蚂蚁爬或针刺在皮肤上
眼睛烧痛/刺痛	就像眼睛里进了烟或肥皂
眼睛痒	就像眼睛对花粉过敏
视力模糊	就像看没对准焦距的电影或图片
气短	看患者是否呼吸时发出像口哨一样的声音或他感觉没有足够的空气
咳嗽	注意听患者是否经常咳嗽（有可能是抽烟引起的，所以问他们是否咳出以后更糟糕）
眩晕	就像旋转了很多次
恶心	呕吐之前的感觉或在崎岖的路上坐车或在颠簸的船上想要呕吐的感觉
唾液分泌过多	注意观察，如果患者经常吐唾沫，问他是否感觉有很多唾液，就像吃完柠檬一样
喉咙痛	吞咽的时候痛
鼻子呛	就像在厨房中有人正在炒辣椒
肌肉抽筋	就像踢完一天的足球，腿上肌肉僵硬和疼痛
头痛	头部剧烈疼痛或压迫痛
胃绞痛/疼痛	就像腹泻、痢疾发作之前的痛
皮肤痒	像有很多蚊子在叮咬

在调查的时候可以询问患者是否原来就出现过这些症状和体征。因为患者可能不想承认有中毒症状的发生，所以可以问患者的家属来得到更准确的信息。

一些症状可能在施药前后都出现，因为这是长时间施用农药造成的慢性中毒症状。以下一些症状可能是慢性中毒症状：

- 走路蹒跚
- 眼皮震颤
- 颤抖
- 皮肤损伤，皮肤发红，皮肤上有白的斑点，皮肤鱼鳞状

图2-3和图2-4显示出农药中毒可能出现的症状。其中标识（1）为轻度中毒，标识（2）为中度中毒，标识（3）为重度中毒。

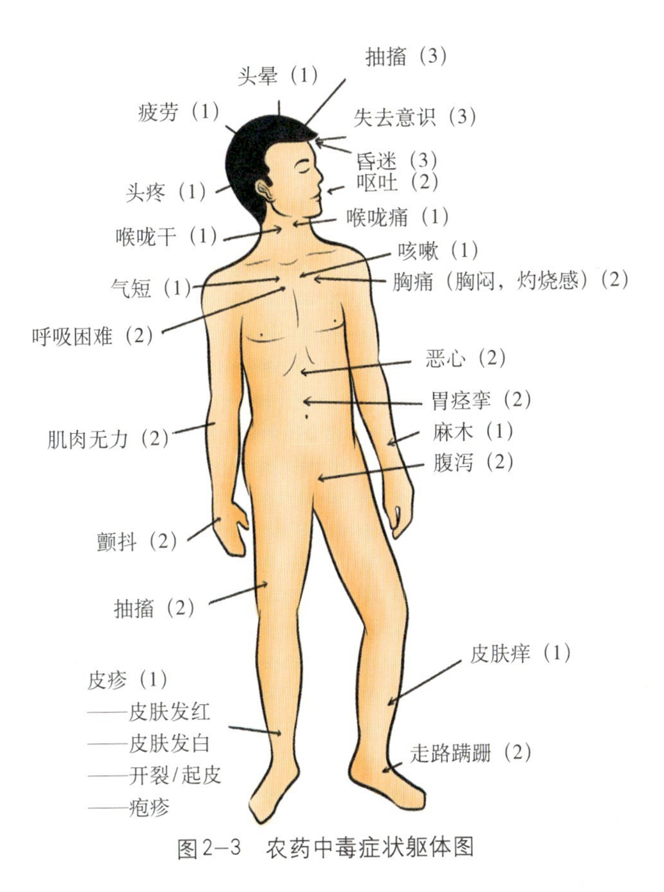

图2–3　农药中毒症状躯体图

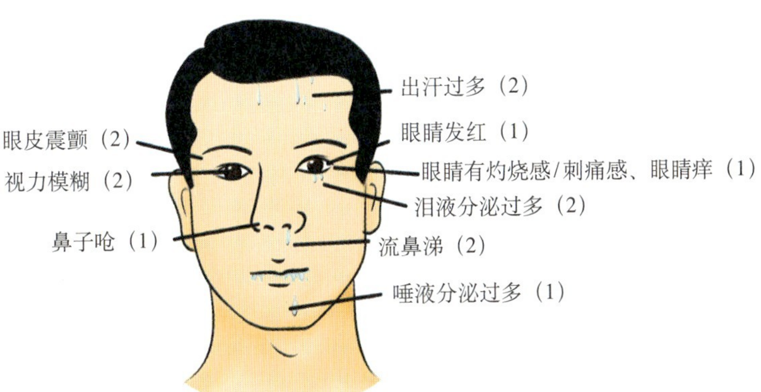

图2–4　农药中毒症状头部图

本节对应的培训活动案例为第八章第一节农药对人类健康的风险培训活动案例。

第二节　造成农药中毒症状的其他疾病或原因

其他的一些疾病和原因也会产生与农药中毒相似的症状和体征。所以在施药前后都测试和询问患者是很有用的，因为这样可以了解症状和体征是由农药引起的还是由其他疾病或原因引起的。如果症状或体征是在施药以后发生的，那么这些症状或体征很可能是由农药中毒引起的。表2-3举例说明其他疾病或原因也可能产生相同的症状和体征，这些症状和体征在施药以前很可能就已经有了。

表2-3　产生农药中毒症状的其他原因

症　状	其他疾病或原因
疲劳	睡眠不足
失眠	压力大，思考太多，焦虑
行走不稳	喝酒太多
失去意识/昏迷	
抽搐	
头晕	感冒，贫血，心脏病
头痛	感冒，登革热，喝过多酒
出汗过多	感冒，天热衣服穿得太多
视力模糊	眼睛慢性病（青光眼、白内障）
眼睛烧痛/刺痛	过敏
眼睛痒	过敏
眼睛红	眼睛感染
眼皮震颤	
唾液分泌过多	
流鼻涕	流感，一般感冒（流出黄色或绿色的鼻涕）
鼻子呛	
喉咙干	口渴，脱水
喉咙痛	流感，一般感冒，喉咙发炎
胸痛/灼烧	心脏病（运动后发生）
气短	吸烟过多，心脏病
呼吸困难	吸烟过多，过敏
咳嗽	吸烟过多，流感，一般感冒
恶心	食物中毒，流感，喝酒太多

（续）

症 状	其他疾病或原因
胃绞痛/疼痛	食物中毒，流感
腹泻	食物中毒，流感
呕吐	食物中毒，流感
皮肤发红	其他皮肤病（牛皮癣）
皮肤上有白色斑点	其他皮肤病（牛皮癣）
鱼鳞状皮肤	其他皮肤病（牛皮癣）
麻木	
皮肤痒	疥疮
抽筋	
肌肉无力	流感
颤抖	喝酒太多

第三章 农药中毒的症状和机理

第一节　不同种类农药的中毒症状

一般农药根据其组成成分可以归于以下几类。这几类农药对健康的影响人们已经比较了解。

- 有机磷农药：干扰中枢神经系统和周围神经系统（中毒症状持续时间长）
- 氨基甲酸酯类农药：干扰周围神经系统（中毒症状持续时间短）
- 有机氯农药：干扰中枢神经系统（中毒症状持续时间长）
- 拟除虫菊酯类农药：刺激眼睛、皮肤和呼吸道
- 硫代氨基甲酸酯类农药：刺激眼睛、皮肤和呼吸道
- 百草枯：刺激皮肤和上呼吸道，如果经过皮肤或消化道进入血液系统会导致肺衰竭和肾衰竭

有机磷农药：影响中枢神经系统（大脑和脊髓）和周围神经系统（大脑和脊髓外的神经）。有机磷农药与阻止神经冲动传输的乙酰胆碱酯酶结合，因此抑制了乙酰胆碱酯酶活性而造成神经冲动的连续传输。这会特别影响到肌肉、腺体和使器官发挥功能的平滑肌。患者可能会在接触农药30分钟以后出现表3-1列出的一些症状，这些症状可能会持续24小时。

表3–1 有机磷农药中毒症状

中毒部位及原因	中　毒　症　状
中枢神经系统	● 乏力 ● 头昏 ● 头疼 ● 手震颤 ● 行走不稳 ● 抽搐 ● 失去意识 ● 昏迷
肌肉过度兴奋	● 肌肉无力 ● 肌肉痉挛 ● 眼睑震颤
腺体过度兴奋	● 唾液腺——唾液分泌过多 ● 汗腺——汗液分泌过多 ● 泪液腺——泪液分泌过多
眼睛	● 视觉模糊（瞳孔缩小）
胃肠	● 胃痉挛
肺	● 呕吐 ● 腹泻 ● 胸闷 ● 呼吸困难 ● 咳嗽 ● 流鼻涕

氨基甲酸酯类农药：与有机磷农药一样抑制乙酰胆碱酯酶的活性而导致神经过度兴奋。中毒症状出现更快，在接触农药15分钟后就可能出现，症状持续时间一般不会超过3小时。中毒症状除了以下症状极罕见以外，其他与有机磷农药的中毒症状一致，与有机磷农药的作用机理一致。

- 抽搐
- 失去意识
- 昏迷

有机氯农药：影响中枢神经系统。因有机氯农药能被脂肪吸收，所以能在体内存留很久。因为人体乳房组织的脂肪细胞能储存有机氯，所以在乳汁中可以检测到有机氯的存在。中毒症状可以在吸收后1小时以内发生，急性中毒症状可以持续48小时。一些有机氯农药（硫丹）很容易被皮肤迅速吸收，因为刺激腺体兴奋的神经不会被影响，所以不会出现以下症状：

- 唾液分泌过量
- 过度出汗
- 泪液分泌过多
- 小肌群的过度兴奋如眼睑震颤

但是会出现以下破坏中枢神经系统的症状：

- 肌肉无力
- 头昏
- 头疼
- 麻木
- 恶心
- 失去意识
- 抽搐
- 呕吐
- 手震颤
- 行走不稳
- 焦虑
- 意识混乱

拟除虫菊酯类农药：刺激眼部、皮肤和呼吸系统。症状持续1～2小时，施药时可能出现的症状如表3-2所示。

表3–2　拟除虫菊酯类农药中毒症状

接触情况	中毒症状
一般使用	● 麻木（皮肤的超敏性） ● 气短（喘息） ● 喉咙干 ● 咽喉痛 ● 鼻子呛 ● 皮肤瘙痒
高剂量	● 呕吐 ● 腹泻 ● 唾液分泌过多 ● 眼睑震颤 ● 行走不稳 ● 过度敏感
吞食	● 失去知觉/昏迷 ● 抽搐

硫代氨基甲酸酯类农药：与拟除虫菊酯类农药一样也刺激眼睛、皮肤和呼吸系统。农药中毒症状在施药时会即刻发生，可能有表3-3列出的一些症状。

表3-3 硫代氨基甲酸酯类农药中毒症状

中毒部位	中毒症状
呼吸系统	● 喉咙干 ● 喉咙痛 ● 鼻子呛 ● 咳嗽
眼睛	● 眼睛刺激（眼睛有灼烧感，痒） ● 眼睛红
皮肤	● 皮肤瘙痒 ● 皮肤上出现白点 ● 鱼鳞状皮肤皮疹 ● 红疹

百草枯：对皮肤和黏膜（嘴内、鼻内和眼内）有很强的刺激性，颗粒较大而无法进入肺内。但是一旦百草枯进入血液就能在肺部聚集，如果经消化道（喝入）吸收则有很高的致死性。百草枯的主要中毒症状如表3-4所示。

表3-4 百草枯中毒症状

中毒部位	中毒症状
皮肤	● 干燥、开裂 ● 红斑 ● 疱疹 ● 溃疡
指甲	● 变色 ● 开裂 ● 缺失
呼吸道	● 咳嗽 ● 流鼻血 ● 喉咙痛
眼睛	● 结膜炎 ● 溃疡、创伤、失明
摄取	● 肺纤维化 ● 多系统器官衰竭，特别是呼吸衰竭和肾衰竭

不同种类农药产生中毒的开始时间和中毒持续的时间并不一样，表3-5概括了几种农药的不同中毒时间。

表3-5　不同种类农药中毒症状开始时间和持续时间

农药分类	开始时间	终止时间
有机磷农药	30分钟	24小时
有机氯农药	15分钟	3小时
氨基甲酸酯类农药	1小时	48小时
百草枯	1小时	2小时

第二节　农药中毒和解毒机理

如果身体内有有机磷或氨基甲酸酯类农药存在，它们会与乙酰胆碱酯酶结合（此反应对有机磷来说是不可逆反应，但对氨基甲酸酯类农药来说是可逆反应）。乙酰胆碱酯酶不能分解乙酰胆碱，身体未受阻止而继续产生乙酰胆碱，这就导致乙酰胆碱的聚集和神经冲动的持续传递，最终导致肌肉和腺体的过度兴奋。阿托品通过降低乙酰胆碱的含量而缓解肌肉和神经的过度兴奋，但作用时间仅仅持续15分钟。因此应该重复给药，直到有机磷不再与乙酰胆碱酯酶结合（图3-1）。

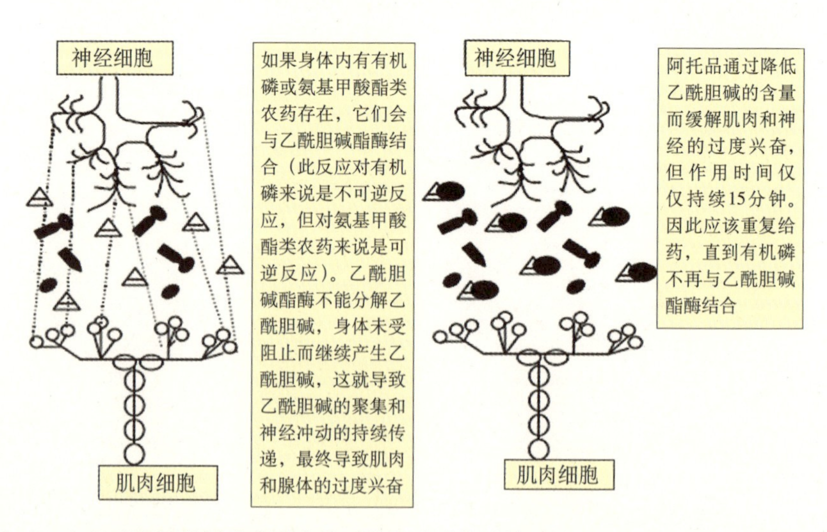

图3-1　有机磷和氨基甲酸酯类农药对神经冲动传递的破坏以及阿托品的治疗作用

神经冲动的传递始于神经细胞刺激身体产生乙酰胆碱，乙酰胆碱就像一座桥一样把神经冲动传到肌肉细胞，使肌肉和腺体收缩。神经冲动传递结束以后身体产生乙酰胆碱酯酶，乙酰胆碱酯酶分解乙酰胆碱为醋酸盐和胆碱，乙酰胆碱分解以后就不能再传输神经冲动了，神经冲动传递停止，肌肉和腺体停止收缩（图3-2）。

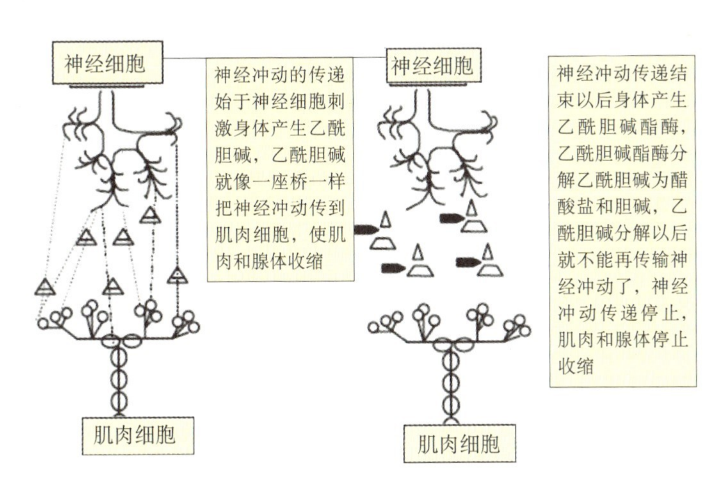

图3-2　神经冲动传递的一般过程

本节对应的培训活动案例为第八章第一节农药对人类健康的风险培训活动案例。

第四章 农药风险评价

第一节 农药风险评价的理论基础

农药使用者和农产品消费者已经广泛认识到农药存在危害人类健康和破坏生态环境的风险，因此人们正在采用多种方法和途径来规避或降低农药风险。

农药风险可表示为：农药风险=农药毒性 × 接触机会。从农药风险表述公式中可以看出，农药的风险由农药毒性与接触机会共同构成，无毒性则无风险，无接触机会也无风险。降低农药风险一方面可以通过禁止高毒农药的使用来达到，也可以通过采用科学防治方法控制病虫害来达到，涉及农药的科学安全使用、处理、储存和农药废弃物管理等。

在生产实际中，农药风险主要是由现代农业生产中大量使用农药所产生的外部效应（副作用）而带来的，主要是接触或使用农药对人类健康的危害和对生态环境的破坏。如化学农药的大量使用造成了使用者中毒事故、农产品中过量的农药残留、天敌种群和农田自然生态的破坏、生物多样性的降低、土壤和地下水污染等一系列的人类健康、环境或社会问题，表4-1列出了农药风险的主要类别。

表4–1　农药风险类别

风险类别	导致的经济、生态或社会负面影响
1．使用者健康风险	
a.生产性中毒	医疗费用、误工成本； 农民劳动能力降低
b.生产、销售和储藏农药中毒	医疗费用、误工成本； 农民劳动能力降低

（续）

风险类别	导致的经济、生态或社会负面影响
c.使用者慢性疾病（包括癌症等）	医疗费用、误工成本；农民劳动能力降低
2．有毒物残留风险	
a.蔬菜、水果和食物中的有毒物残留	农产品被市场拒绝
b.灌溉和饮用水污染	水资源减少或造成水资源匮乏，人畜饮水或农业灌溉用水价格上升
3．生态环境风险	
a.病虫害抗性	农作物减产或防治成本上升
b.家畜中毒	畜牧业减产
c.对授粉昆虫的影响	农作物减产
d.野生动物和鸟类中毒	病虫害天敌减少
e.生物多性降低	农业生产潜力下降

随着农药使用量的增加，农药风险也逐渐增大，特别是生态环境风险会随农药使用规模扩大而迅速增加。因为农药对生态环境的影响没有明晰的责任界限，主要由社会公众来承担，在大多数经济落后的发展中国家经常得不到足够的重视。

农药风险评价是农业生产中经济、环境和社会影响评价的最主要部分之一，在很多情况下是一种推测性质的分析，而不是可量化的分析。农药风险评价的难点在于：农药使用造成的很多环境和社会影响由于其本身的特点，不存在市场或市场不完全，没有现成的可借鉴的市场价格作为评价基础。

在农作物病虫害防治项目中，采用了一些农药使用指标来简单地评价农药风险，例如：施药次数、有效成分、配方产品的用量或者农药使用费用等。但是，这些方法都无法用于评价农药的环境风险，农作物病虫害综合防治需要综合考虑农药使用的经济、环境和人类健康风险，进行科学的评价和比较，以便达到以下目的：一是对不同的病虫害防治和农药管理方法或策略进行评价，通过选择正确的方法或策略来降低农药风险；二是评价农药管理政策对降低农药风险的效果；三是评价单一农药药剂使用对环境的影响；四是通过农药风险评价推动绿色农产品的生产与销售，正确引导消费者的市场选择行为；五是通过农药风险评价与分析，培训农民科学安全使用农药。

本节对应的培训活动案例为第八章第三节农药对环境的风险培训活动案例。

第二节 农药风险评价模型

农药风险评价既可用单一参数来表示，也可用评级系统采用多重参数来归纳分析。实际上农药风险受到毒理、环境和对农药的接触等多种因素的影响。我们可以借鉴国内外的一些植物保护或农药管理专家提出的农药风险评价方法和体系。

目前所有的农药风险评估系统均对不同参数和环境区划赋予主观的比例和相对权重。这些赋值基于人们固有的判断，并且会因为不同的人而差异很大。Levitan 等在1995年列举了50多种农药风险评估模型。重要的有EPRIP：农药的环境潜在风险分析模型（意大利）；EYP：农药的环境分析模型（荷兰）；PEPI：农药环境风险指数模型（瑞典）；SYNOPS：农药环境风险指数模型（德国）；SyPEP：农药环境风险预测系统（比利时）；EIQ：环境影响指数（美国）；MATF：农药多毒性因子（美国）。由于各国对降低农药风险的重视，许多模型得到不断的修改完善和拓展。

美国康奈尔大学病虫害综合治理专家J. Kovach、C. Petzoldt 和J. Tette等于1992年提出了农药的环境影响指数（EIQ）的概念，通过农药的环境影响指数来推算农药风险。该模型根据农药对使用者健康、消费者安全和生态环境影响三方面的11项指标（表4-2），对生产上广泛使用的200多种农药（包括杀虫剂、杀菌剂、植物生长调节剂和除草剂）进行风险评估，计算出了各种农药的环境影响指数（EIQ）。表4-3列出了一些常用的化学农药的环境影响指数。通过农药的环境影响指数可以估算化学防治技术的环境风险。对于一个特定有效成分的环境影响指数数值，是根据一个公式计算的，包括很多参数，毒性、土壤半衰期、内吸传导性、淋失潜力和植物表面半衰期都需要考虑。每一个参数都被赋予了一个指数（1、3、5）来反映其可能造成的潜在危害。

表4-2 农药风险评价EIQ模型采用的分析指标

指 标	符号	1分	3分	5分
对长期健康的影响	C	没有或者几乎没有	可能有	确定有
皮肤毒性（白鼠LD_{50}）	DT	>2000毫克/千克	200～2000毫克/千克	0～200毫克/千克
对鸟类的毒性（8天LC_{50}）	D	>1 000毫克/升	100～1 000毫克/升	1～100毫克/升
对蜜蜂的毒性	Z	无毒	中等毒	高毒

（续）

指　标	符号	1分	3分	5分
对天敌的毒性	B	低影响	中等影响	严重影响
对鱼类的毒性（96小时LC_{50}）	F	>10毫克/升	1～10毫克/升	<1毫克/升
植物表面半衰期	P	1～2周	2～4周	>4周
土壤残留半衰期	S	<30天	30～100天	>100天
有效模式	SY	非系统	系统	
淋失潜力	L	小	中等	大
表面流失潜力	R	小	中等	大

对这11个指标采用下列的计算公式可以计算8种环境风险影响指标，包括对施用者、采收者、消费者、地下水、鱼、蜜蜂和其他有益的节肢动物。这些指标的得分加起来描述环境影响中重要的三个部分：农民、消费者和环境。最终的EIQ值是三部分值的平均数，EIQ值的区间是6.7～210。

对应表4-2有以下计算公式：

EI（施用者）：C × DT × 5

EI（采收者）：C × DT × P

EI（消费者）：C × (S+P) /2 × SY

EI（地下水）：L

EI（鱼）：F × R

EI（鸟）：D × [(S+P) /2 × 3]

EI（蜜蜂）：Z × P × 3

EI（天敌）：B × P × 5

EI（农民）= EI（施用者）+ EI（采收者）

EI（消费者）= EI（消费者）+ EI（地下水）

EI（生态）= EI（鱼）+ EI（鸟）+ EI（蜜蜂）+ EI（天敌）

EIQ（环境影响指数）= [EI（农民）+ EI（消费者）+ EI（生态）] /3

农药风险评价EIQ模型已用于帮助种植者和其他IPM实践者选择相对更加环境友好型的农药。用EIQ计算农药的环境风险，可以用来比较不同的农药和病虫防控措施，然后最终确定哪个施药方案或者哪种农药对环境的影响较小。这个方法牵涉到大部分环境关注的，并且是农业生态系统中的主要因素，包括农民、消费者、野生动物、健康和安全性。

表4-3 部分常用农药的EIQ值

(www.nysipm.conrnell.edu./publication/EIQ.html)

农药品种	EIQ值＝（使用者毒力系数＋消费者毒性系数＋生态影响系数）/3			
	EIQ值	使用者毒力系数	消费者毒性系数	生态影响系数
Bt制剂	7.9	6	2	15.75
阿维菌素	38	36	5	73
吡虫啉	34.9	6.9	10.35	87.47
氟虫腈	90.92	60	9	203.75
呋喃丹	50.67	60	17	75
甲基对硫磷	104.4	140	8	165.0
多菌灵	56.17	20	31	117.50
代森锰锌	14.6	12	3	28.85

本节对应的培训活动案例为第八章第三节农药对环境的风险培训活动案例。

第五章 降低农药使用风险的途径

第一节 有害生物综合治理（IPM）技术

半个世纪以来，全球农业生产以集约利用投入物为基础，提高了粮食产量和人均粮食消费量。然而，这一过程致使许多农业生态系统自然资源枯竭，损害生产力发展后劲，同时增加温室气体排放，进而导致气候变化。此外，长期饥饿的人口数量并未因此而大幅减少，目前全球饥饿人数估计仍高达8.7亿人。我们面临的挑战是要把粮食生产和消费放在真正可持续的基础之上。从2013年到2050年，全球人口预计要从70亿增加到92亿；按目前的趋势推算，全球粮食产量要增加60%，才能满足需求。我国用世界9%的耕地，养活世界21%的人口，具有良好农业潜力的未开发土地面积不断减少，要满足需求就要进一步提高作物单产。而与此同时，还要面临对土地和水资源日趋激烈的争夺、燃料和肥料价格不断攀升以及气候变化的影响。我国依靠自己的力量解决了13亿人口的吃饭问题，这不得不说是一个奇迹。近年来，由于土地和水等农业资源供需矛盾日益突出，发展资源节约型农业就显得尤为紧迫和重要。

针对可持续粮食管理中作物生产方面的问题，FAO提出了小农作物生产的可持续集约化生产模式，采用“节约与增长”策略，发展资源节约型现代农业，采用生态系统方法，利用大自然自身条件提高作物产量，如增加土壤有机质、水流量调节、授粉以及病虫害的生物防控等。通过以易于采纳、便于调整的生态系统为基础的实践方法，帮助小农户提高生产率、利润率和资源利用率。

有害生物的综合治理（IPM）和有害生物联系紧密，但内涵比有害生物控制更丰富。IPM并不旨在消灭所有有害生物，而是基于更好地理解作物的生态系统而做出作物管理的决策。作物的定期观察是理解田间作物生态系统的第一步。多年来中国/FAO IPM项目的实践证明，良好的作物管理实践能减少投入（包括农业投入）并进一步提高作物单产。IPM是降低农药风险的根本措施。只有采用IPM的方法，才能在节约资源和保护生产者、消费者和生态环境健康的基础上增加农业产出。

一、农业防治技术

农业防治（agricultural control）为防治农作物病虫草害所采取的农业技术综合措施，通过调整和改善作物的生长环境，以增强作物对病、虫、草害的抵抗力，创造不利于病原物、害虫和杂草生长发育或传播的条件，以控制、避免或减轻病、虫、草的危害。主要措施有选用抗病、虫品种，调整品种布局，选留健康种苗，轮作，深耕灭茬，调节播种期，合理施肥，及时灌溉排水，适度整枝打杈，搞好田园卫生和安全运输储藏等。

（一）轮作（图5-1）

技术原理

在同一田块连年种植同一作物，容易使病虫种群数量逐年积累，而某些情况下，轮作起到切断食物链的作用。不同科作物轮作可以使病菌失去寄主或改变生活环境，达到减轻和消灭病害的目的，实行粮菜轮作对控制土传病害效果明显。一些生长迅速或栽培密度大、生育期长、叶片对地面覆盖面积大的作物对杂草有

图5-1　水旱轮作（水稻—马铃薯）

明显的抑制作用，和一些发苗快、叶片小的作物轮作可明显减轻草害。对寄主范围狭窄、食性单一的有害生物，轮作可恶化其营养条件和生存环境，或切断其生命活动过程的某一环节。对一些土传病害和专性寄主或腐生性不强的病原物，轮作也是有效的防治方法之一。此外，轮作还能促进有拮抗作用的微生物活动，抑制病原物的生长、繁殖。

适用范围

葱蒜类蔬菜与大白菜轮作，对控制大白菜软腐病效果明显。茄科和葫芦科作物（如番茄、南瓜、西瓜等瓜类）一般与水稻、玉米、小麦等轮作为好，但不能与烟草轮作。旱地和水田作物轮作最好。

应用技术

如大豆食心虫仅危害大豆，大豆与禾谷类作物轮作，就能防治其危害。水旱轮作（如稻麦、稻棉轮作）对麦红吸浆虫、棉花枯萎病以及不耐旱或不耐水的杂草等有害生物具有良好的防治效果。

注意事项

选择适合轮作来控制危害的有害生物种类和作物类型。同科作物有相同的病虫害，避免轮作；对杂草抑制作用相同的作物避免轮作。

（二）间作套种（图5-2、图5-3）

图5-2　玉米套种大豆

图5-3　玉米间作薏仁

技术原理

间作套种是运用群落的空间原理，以充分利用空间和资源为目的而发展起来的一种生产模式，可以起到改变有害生物的生存环境的作用。一般把作物同时期播种的叫间作，不同时期播种的叫套种。

适用范围

合理选择不同作物实行间作或套作，辅以良好的栽培管理措施，也是防治害虫的途径。

应用技术

如麦、棉间作可使棉蚜的天敌如瓢虫等顺利转移到棉田，从而抑制棉蚜的发展，并可由于小麦的屏障作用而阻碍有翅棉蚜的迁飞扩展。高矮秆作物的配合种植不利于喜温湿和郁闭条件的有害生物发育繁殖，如马铃薯和玉米套种可防治马铃薯晚疫病（图5-4）。

注意事项

间套作不合理或田间管理不好，反而会促进病、虫、草等有害生物的危害。

图5-4　马铃薯和玉米套种防治马铃薯晚疫病

（三）作物布局（图5-5）

技术原理

调整作物的熟制、播期和品种来控制有害生物的危害。

适用范围

同一作物品种和不同熟制的作物。

应用技术

合理的作物布局，如有计划地集中种植某些品种，使其易于受害的生育阶段与病虫发生侵染的盛期相配合，可诱集歼灭有害生物，减轻大面积危害。在一定范围内采用一熟或多熟种植，调整春、夏播面积的比例，均可控制有害生物的发生消长。如适当压缩春播玉米面积，可使玉米螟食料和栖息条件恶化，从而降低早期虫源基数等。

图5-5　茄科与十字花科作物混栽

注意事项

如果作物和品种的布局不合理，就会为多种有害生物提供各自需要的寄主植物，从而形成全年的食物链或侵染循环条件，使寄主范围广的有害生物获得更充分的食料。如桃、梨混栽，有利于梨小食心虫转移危害；不同成熟期的水稻品种混种于邻近田块，有利于水稻病虫害的侵染或转移；两种具有共同病原的作物连作，有利于病害的传播蔓延等。此外，种植制度或品种布局的改变还会影响有害生物的生活史、发生代数、侵染循环的过程和流行。如单季稻改为双季稻，或一熟制改为多熟制，不仅可增加水稻螟虫的年发生世代数，还会影响螟虫优势种的变化，必须特别重视。

（四）耕翻整地（图5–6）

技术原理

改变土壤环境，将一定深度的紧实土层变为疏松细碎的耕层，从而增加土壤孔隙度，以利于接纳和储存雨水，促进土壤中潜在养分转化为有效养分和促使作物根系的伸展；可以将地表的作物残茬、杂草、肥料翻入土中，清洁耕层表面，创造良好的土壤耕层构造和表面状态。

适用范围

对绿肥地、残茬杂草地、施用有机肥多的地或开垦荒地效果佳。

应用技术

冬耕、春耕或结合灌水常是有效的防治措施。对生活史短、发生代数少、寄主专一、越冬场所集中的病虫防治效果尤为显著。中耕则可防除田间杂草。

图5–6　耕翻整地

注意事项

在干旱情况下翻耕或在水土流失、风蚀地区翻耕后土壤处于疏松失水状态，易引起水蚀或风蚀。

（五）播种（图5-7）

技术原理

通过调节播种期、播种密度、播种深度等来控制有害生物危害。

适用范围

调节播种期、播种密度、播种深度等。

应用技术

调节播种期，可使作物易受害的生育阶段避开病虫发生侵染盛期。如我国华北地区适当推迟大白菜的播种期，可减轻孤丁病的发生；适当推迟冬小麦的播种期，可减少丛矮病的发生等。此外，适当的播种深度、密度和方法，结合种子、苗木的精选和药剂处理等，可促使苗齐苗壮，影响田间小气候，从而控制苗期有害生物危害。

图5-7　播　种

注意事项

对播种期、播种密度、播种深度等的调节要适度。

（六）田间管理（图5-8）

技术原理

通过水分调节、合理施肥以及清洁田园等措施来控制有害生物，为作物的生长发育创造良好的条件。

适用范围

作物从播种到收获的整个栽培过程。

应用技术

灌溉可使害虫处于缺氧状况下而窒息死亡；采用高垄栽培大白菜，可减少大

图5-8　田间管理

白菜软腐病的发生；稻田适时晒田，有助于防治飞虱、叶蝉、纹枯病、稻瘟病；施用腐熟有机肥，可杀灭肥料中的病原物、虫卵和杂草种子；合理施用氮、磷、钾肥，可减轻病虫危害程度，如增施磷肥可减轻小麦锈病等。此外，清洁田园对病虫防治也有重要作用。

注意事项

各地因地制宜确定不同区域、不同作物经济合理的施肥量，优化施肥时期，采用科学施肥方式，提高肥料利用率；鼓励多施有机肥料，倡导秸秆还田，改良土壤，提高土壤综合产出能力；有针对性地合理调控水肥管理，提高作物抗逆能力。

（七）收　获

技术原理

掌握适当的收获时期、方法以及收获后的处理，使用适当的工具，可降低农作物有害生物的危害。

适用范围

收获时的时期、方法、工具以及收获后的处理，也与病虫防治密切有关。

应用技术

如大豆食心虫、豆荚螟均以幼虫脱荚入土越冬，若收获不及时或收获后堆放于田间，就有利于幼虫越冬繁衍。用联合收割机收获小麦，常易混入野荞麦和燕麦线虫病的植株而引发线虫病。

注意事项

适时收获，晒干扬净，及时入库。

（八）植物抗虫性的利用

技术原理

利用植物对害虫的排趋性（无偏嗜性）、抗生性和耐害性来防治病虫害。

适用范围

对害虫具有排趋性（无偏嗜性）、抗生性或者耐害性的某一品种或某一类作物。

应用技术

A. 排趋性（无偏嗜性）。表现为害虫不喜在其上取食或产卵。植物形态解剖特征方面的原因如春小麦叶片茸毛长而密的品种上麦秆蝇产卵较少，受害较轻；植物生物化学特性方面的原因如松树皮层内因含有a-蒎烯等物质而能减轻松小蠹的危害，某些玉米品种因缺乏能刺激玉米象取食的化学物质而能抗玉米象；植物物候特性方面的原因如麦秆蝇喜产卵于拔节至孕穗期的小麦上，而在抽穗后着卵极少；早熟和中早熟的小麦品种由于在麦秆蝇成虫产卵盛期已进入或临近抽穗期，故着卵较少，可不受麦秆蝇危害或受害较轻；散穗型的粟或高粱品种受粟穗螟危害较轻，原因是其不利于幼虫在穗上吐丝结网潜藏其中取食；紧穗型品种受粟小缘蝽危害较轻，原因是此虫不适于在穗上取食等。

B. 抗生性。表现为作物受虫害后产生不利于害虫生活繁殖的反应，从而抑制害虫取食、生长、繁殖和成活。如抗吸浆虫的小麦品种花器的内外颖扣合紧密，能阻碍成虫侵入产卵或初孵幼虫侵入花器内取食，因而降低了吸浆虫的成活率；棉蕾内棉酚含量高于1.2%时，棉铃虫类幼虫死亡率可达50%；有的玉米品种心叶内含有高浓度的丁布，能抗玉米螟第一代危害；棉花抗虫品种的蕾铃，在棉铃虫产卵或幼虫活动处所周围会产生急剧的细胞增生反应，可通过机械压榨作用促使卵及幼虫死亡；有些木本植物能在虫伤处分泌树脂乳液，阻止害虫继续活动并促其死亡。

C. 耐害性。表现为害虫虽能在作物上正常生活取食，但不致严重危害。如分蘖力强的禾谷类作物在受蛀茎害虫（如粟灰螟）侵害后能迅速分蘖形成新茎，并能抽穗结实。

注意事项

植物抗虫性常受地区、劳动力和季节的限制。

二、理化诱控技术

（一）频振诱控技术（图5-9）

技术原理

该技术吸取黑光灯的优点，应用波振技术，适当拓宽光波波长范围以增加诱杀害虫的种类，并将频振灯发出的光、波设在特定范围内，近距离用光、远距离用波，灯上装有频振式高压触杀电网，结合光、波、色、味四种诱杀方式，提高诱杀效果。

图5-9　频振式杀虫灯

应用范围

应用作物：在粮、蔗、油、果、菜、茶、桑及中草药等作物上均有使用，包括水稻、玉米、甘蔗、荔枝、龙眼、杧果、柑橙、柚子、桃、李、梨、柿子、枣、大青枣、白果、葡萄、番石榴、杨桃、黄皮、莲藕、芋头、荸荠、黄瓜、苦瓜、西葫芦、西瓜、甜瓜、茄子、豇豆、辣椒、番茄及各种叶菜、茶树、桑树、中草药和花生、大豆等。

诱杀害虫种类：频振式杀虫灯诱杀害虫种类多、数量大、效果好，能诱杀鳞翅目、鞘翅目、直翅目、半翅目、双翅目、等翅目、缨翅目等11目150多种常见害虫。在水稻上能诱杀到鳞翅目、半翅目、直翅目等6目25科62种害虫，在果树上能诱杀到6目24科64种害虫；对小菜蛾、斜纹夜蛾、甜菜夜蛾、豆荚螟、瓜绢螟、金龟子、棉铃虫等蔬菜害虫诱杀效果非常好，此外还能诱杀甘蔗、茶树、桑树等其他作物上的主要害虫。

应用技术

A.电杆的选择、排列及安装。

A.1 控制面积。一般单灯控制面积30～50亩，根据作物地轮廓设定挂灯距离，如果安灯区地形不平坦或有物体遮挡，则要根据具体情况适当缩短相邻杀虫灯的距离。

A.2 灯高。挂灯高度对于诱虫效果有一定影响，具体挂灯高度取决于用灯区作物高度，一般灯的底端（接虫口对地距离）离地1.2～1.5米比较合适，如作物植株较高，则挂灯略高于作物，一般以20～30厘米为宜。

A.3 挂灯方法。挂灯的方法有：横担式、杠杆式、三脚架式、吊挂式等（图5-10）。一般根据作物分布状态和地形情况确定安装方式，田间安装最好使用横担式。为防止刮风时灯具来回摆动，灯的下端用一根金属横梁或铁丝固定。频振灯应安装在同一个方向上，以避免使用时出现灯光照射不到的死角。电源线接口一定要用防水绝缘胶布严密包裹，避免因漏电而发生意外事故。铜线和铝线连接要尤其注意，接触面要夹有锡纸或导电膏，以防氧化导致接触不良，使灯不能正常工作。

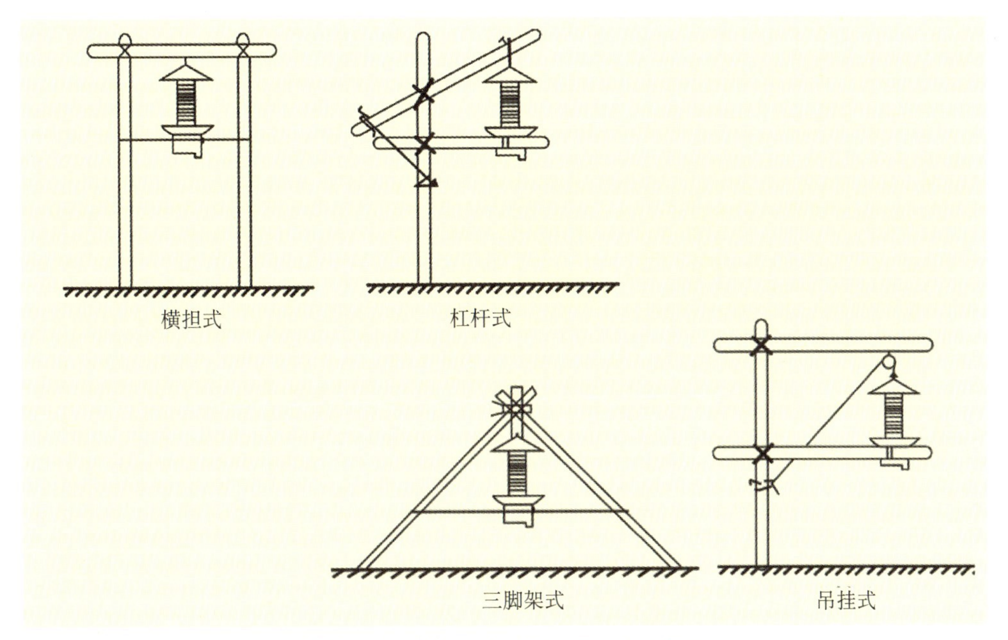

图5–10　频振式杀虫灯挂灯方法示意图

B. 挂灯、收灯及开关灯时间。

B.1 挂灯时间。根据害虫种类不同一般分别在4月、5月开始挂灯。

B.2 开灯时间。一般天黑后开灯，天亮后关灯，雨天不开灯。在电源较紧张的地方可根据所需诱杀害虫的不同扑灯时段选择开灯时间。对于光控型频振灯，雨天应将电源总闸拉下。

B.3 收灯时间。作物采收完后，应及时将灯收回，关掉电源总闸，并将灯具用厂家原有的包装箱包装好后存放于干燥、阴凉的地方。

B.4 灯具清理。清理虫袋和灯具的工作应在早晨关灯后进行，平均2～3天清理1次，在诱杀高峰期内，要求每天清理1次。灯管四周的围网上如粘有被诱杀的虫子，要用毛刷清理干净，以免影响诱虫效果。诱杀到的虫子收集后，如未接触过农药，则可喂家禽或喂鱼。

B.5 专人管理。日常管理工作包括开灯、关灯、倒虫、清洁灯具和日常检查等，应安排专人管理，以增强灯具使用效果和延长使用年限。

注意事项

架设电源线要请专业电工，绝对不能随意拉线，以确保用电安全。频振灯能降低农田害虫的虫口密度，减少施药次数，但并不能完全代替农药防治，必须与

农药、生物、农艺等综合防治措施相结合。另外，要注意灯下及电杆背灯面两个诱杀“盲区”内害虫的防治。

（二）性诱技术

1. 斜纹夜蛾性诱技术

技术原理

利用斜纹夜蛾雄成虫对性诱剂的趋向性，引诱雄虫至诱捕器诱杀，破坏其交配，控制虫源基数，减少发生量。

应用范围

适用于叶菜类（小白菜、大白菜、甘蓝、莴苣、生菜）、芋头、番茄、莲藕、花生等斜纹夜蛾危害的对象作物。

应用技术

A. **密度与间距**。每亩放置1个诱捕器，害虫发生密度大时，可适当增加诱捕器数量，诱捕器之间的距离不少于30米。

B. **高度**。叶菜类作物悬挂高度距离地面高100厘米（诱捕器诱虫孔至地面的距离），花生、芋头、莲藕悬挂高度距离作物表面20 ~ 40厘米（诱捕器诱虫孔至作物表面的距离），可适当根据作物生长高度调整。

C. **诱芯更换**。4 ~ 6周更换1次诱芯，更换诱芯时，旧的诱芯收集集中处理。

D. **诱捕器清理**。视田间虫量大小而定，定期检查诱捕虫数，虫量大时，每天清理，诱捕器中害虫不超过诱虫袋的1/2，收集的害虫集中处理，不要随意倒掉，作物收获后诱捕器收回时要彻底清理干净，统一放置在阴凉处。

注意事项

A. 性诱剂易挥发，要远离高温环境，储存于0℃以下的冰箱中，使用前才打开密封包装袋，一旦打开包装袋，应尽快使用。

B. 更换后的诱芯要带到远离作物的地方集中处理，避免残余诱芯影响诱虫效果。

2. 小菜蛾性诱技术

技术原理

利用小菜蛾雄成虫对性诱剂的趋向性，引诱雄虫至诱捕器诱杀，破坏其交配，控制虫源基数，减少发生量。

应用范围

适用于十字花科蔬菜，如白菜、甘蓝、芥蓝等小菜蛾危害的对象作物。

使用技术

A. **密度与间距**。每亩放置3～6个诱捕器，害虫发生密度大时，可适当增加诱捕器数量，诱捕器之间的距离20米。

B. **高度**。悬挂高度距离地面25厘米（诱捕器诱虫孔至地面的距离），可适当根据作物生长高度调整。

C. **诱芯更换**。4～6周更换1次诱芯，更换诱芯时，旧的诱芯收集集中处理。

D. **诱捕器清理**。粘胶型诱捕器诱捕数量超过一定量时要及时更换粘板，更换下来的粘板集中处理。水盆诱捕器要及时清理诱杀的害虫，及时加水，作物收获后诱捕器收回时要彻底清理干净，统一放置在阴凉处。

注意事项

A. 性诱剂易挥发，要远离高温环境，储存于0℃以下的冰箱中，使用前才打开密封包装袋，一旦打开包装袋，应尽快使用。

B. 更换后的诱芯要带到远离作物的地方集中处理，避免残余诱芯影响诱虫效果。

3. 橘小实蝇性诱技术（图5-11）

技术原理

通过诱芯释放人工合成的昆虫性信息素化合物（简称性诱剂），利用雄成虫对性诱剂的趋向性，引诱雄虫至诱捕器诱杀，破坏其交配，达到防治目的。

图5-11　橘小实蝇性诱技术

应用范围

适用于柑橘、番石榴、杧果、大青枣、柚子、枇杷等。

使用技术

A. **密度与间距**。每亩放置3～6个诱捕器，害虫发生密度大时，可适当增加诱捕器数量。

B. **高度**。悬挂高度一般离地面1.5米，低矮的果树悬挂高度与树冠中部平齐。

C. **悬挂方法**。将诱捕器悬挂在枝叶繁茂的枝条上，不要使诱捕器暴露于直射日光之下，夏季挂在朝北的树枝上，冬季挂在朝南的树枝上。

D. **使用时间**。根据不同的果树确定使用的时间，一般在结果期前10～20天开始悬挂诱捕器，每3天观察1次诱捕器中的虫量，当单个诱捕器3日诱捕量超过10头时应增加诱捕器数量，同时采取其他辅助控制措施（农业、物理等防控措施）。

E. 诱芯更换。一般20 ~ 30天添加1次性诱剂，诱剂滴加在诱捕器的诱芯上，滴加时应适当控制滴加速度，待液滴完全被诱芯吸附后再继续添加，直至诱芯处于完全浸润状态。

F. 诱捕器清理。诱捕器中的果实蝇每3天清理1次，害虫发生高峰期前后7天，每天清理1次。

注意事项

性诱剂在室温下存放于阴暗处，避免高温和暴晒，使用时根据用量提取，使用过的性诱剂容器要及时带回，不能随意丢弃于果园或其他农田附近。

4. 瓜实蝇性诱技术

技术原理

通过诱芯释放人工合成的昆虫性信息素化合物（简称性诱剂），利用雄成虫对性诱剂的趋向性，引诱雄成虫至诱捕器诱杀，破坏其交配，达到防治目的。

应用范围

适用于苦瓜、黄瓜等瓜实蝇危害的瓜类蔬菜。

使用技术

A. 密度与间距。每亩放置3 ~ 5个诱捕器，害虫发生密度大时，可适当增加诱捕器数量。

B. 高度。悬挂高度一般离地面1米，因部分瓜类作物需搭架让藤蔓攀附，需根据作物高低适当调整。

C. 悬挂方法。将诱捕器悬挂在田间，不要使诱捕器暴露于直射日光之下，夏季挂在朝北的树枝上，冬季挂在朝南的树枝上。

D. 使用时间。根据不同的作物而定，一般在幼瓜形成前7 ~ 15天开始悬挂诱捕器，每3天观察1次诱捕器中的虫量，当单个诱捕器3日诱捕量超过10头时应增加诱捕器数量，同时采取其他辅助控制措施（农业、物理等防控措施）。

E. 诱芯更换。一般20 ~ 30天添加1次诱剂，诱剂滴加在诱捕器的诱芯上，滴加时应适当控制滴加速度，待液滴完全被诱芯吸附后再继续添加，直至诱芯处于完全浸润状态。

F. 诱捕器清理。诱捕器中的果实蝇每3天清理1次，害虫发生高峰期前后7天，每天清理1次。

注意事项

性诱剂在室温下存放于阴暗处，避免高温和暴晒，使用时根据用量提取，使用过的性诱剂容器要及时带回，不能随意丢弃于果园或其他农田附近。

5. 甘蔗螟虫性诱技术

技术原理

通过诱芯释放人工合成的昆虫性信息素化合物（简称性诱剂），利用雄成虫对性诱剂的趋向性，诱杀二点螟、条螟、黄螟等甘蔗螟虫。

应用范围

适用于甘蔗二点螟、条螟、黄螟、大螟。

应用技术

A. 密度与间距。每亩放置3～5个诱捕器，害虫发生密度大时，可适当增加诱捕器数量。甘蔗苗期每亩放置3个诱捕器，害虫发生密度大时，可适当增加诱捕器数量，诱捕器之间的距离15～20米（图5-12）。

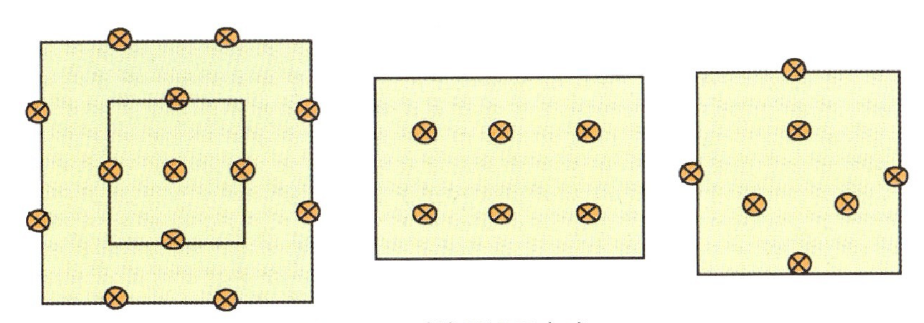

图5－12　诱捕器设置方式

B. 高度。与蔗株顶部齐平（诱捕器诱虫孔至地面的距离），可适当根据甘蔗生长高度调整。

C. 田间布局。当大面积应用时，诱捕器设置一般采用外围密中间疏的方式。

D. 诱芯更换。4～6周更换1次诱芯，更换诱芯时，旧的诱芯收集集中处理。

E. 诱捕器清理。视田间虫量大小而定，定期检查诱捕虫数，虫量大时，每天清理，诱捕器中害虫不超过诱虫袋的1/2，收集的害虫集中处理，不要随意倒掉，作物收获后诱捕器收回时要彻底清理干净，统一放置在阴凉处。

注意事项

性诱剂易挥发，要远离高温环境，储存于0℃以下的冰箱中，使用前才打开密封包装袋，一旦打开包装袋，应尽快使用。

6. 水稻害虫性诱技术（图5–13）

技术原理

通过诱芯释放人工合成的昆虫性信息素化合物（简称性诱剂），利用雄成虫对性诱剂的趋向性，诱杀二化螟、三化螟、稻纵卷叶螟等水稻螟虫。

应用范围

适用于二化螟、三化螟、稻纵卷叶螟。

应用技术

A. 密度。诱捕稻纵卷叶螟每亩放置3 ~ 5个诱捕器，诱捕二化螟、三化螟每亩放置1 ~ 2个诱捕器。

B. 高度。高于稻株顶部约20厘米，可随水稻生长高度调整。

图5–13　水稻害虫性诱技术

C. 诱芯更换。4 ~ 6周更换1次诱芯，更换诱芯时，旧的诱芯收集集中处理。

D. 诱捕器清理。视田间虫量大小而定，定期检查诱捕虫数，虫量大时，每天清理，诱捕器中害虫不超过诱虫袋的1/2，收集的害虫集中处理，不要随意倒掉，作物收获后诱捕器收回时要彻底清理干净，统一放置在阴凉处。

注意事项

性诱剂易挥发，要远离高温环境，储存于0℃以下的冰箱中，使用前才打开密封包装袋，一旦打开包装袋，应尽快使用。

三、生态控制技术

农作物病虫草害的生态控制技术，是以农作物及其农田生态系统为研究对象，以群落生态学及化学生态学为指导理论，综合考虑作物区划、品种布局、间作、套作、轮作等耕作栽培技术和生物防治、抗性品种的选育和利用等植保措施以及水肥管理等农事操作，从生态学角度探讨农田生态系统中不同生物间的相互关系、相互作用和相互制约的内在机制，充分发挥自然控制因素的生态调控作用，创造有利于作物生长和有益生物繁殖，而不利于有害生物发生、发展的农田生态环境，降低病虫草鼠变异频率、稳定病虫草鼠种群结构，将有害生物持续控制在经济危害水平之下，降低化学农药使用，减少环境污染，促进田间营养物质自然循环。

（一）水稻品种多样性控制稻瘟病（图5–14）

技术原理

高秆和矮秆的水稻品种在田间形成空间上的高度差异，存在抗性植株的障碍效应，减缓了病原孢子的运动和传播，从而减少了病害的发生。同时，对于保护、利用和发展优质稻品种资源，起到积极的作用。朱有勇等于1997年在云南省石屏县保秀镇进行抗稻瘟病品种间栽的田间小区试验，间栽品种黄壳糯与紫糯对稻瘟病的防治效果分别为94.1%和91.6%。

图5–14　水稻品种多样性控制稻瘟病

应用范围

水稻品种多样性控制稻瘟病在云南省的15个地州（市）91个县（市、区）海拔300～2 640米的粳稻和籼稻种植区已经推广应用，应用总面积766.73万亩。主要是将黄壳糯等地方优质糯稻品种与生产上推广的籼稻、粳稻品种进行混栽。

注意事项

A. 要注意水稻品种的选择，以达到很好的防治效果。目前云南省主要有两种混栽方式，一种是杂交稻与优质糯稻混栽，主栽杂交稻品种有汕优63、汕优99等35个品种，混栽优质糯稻品种有黄壳糯、白壳糯、紫糯、紫粘等32个品种；另一种是粳稻与优质糯稻混栽，主栽粳稻品种有合系39、合系41、楚粳22等18个品种，混栽优质稻品种有黄壳糯、白壳糯等11个品种。

B. 混栽规格。不同混栽规格防病效果差异大，目前云南省主要有3行套1行、4行套1行、5行套1行、6行套1行、6行套2行、7行套1行、8行套1行、8行套2行8种规格。如在红河哈尼族彝族自治州以6行套1行和8行套1行对稻瘟病的防治效果最好，增产最多。

（二）隔离法

原理

人为设置各种障碍，切断病虫害的侵害途径。

A. 涂环法。对有上下树习性的害虫可在树干上涂毒环或涂胶环，从而杀死或阻隔。

B. 挖障碍沟。对于无迁飞能力只能靠爬行的害虫，为阻止其危害和转移，可在未受害植株周围挖沟；对于一些根部病害，也可以在受害植株周围挖沟，阻隔病原菌的蔓延。

C. 设障碍物。主要防治无迁飞能力的害虫。如枣尺蠖的雌成虫无翅，交尾产卵时只能爬到树上，可在其上树前在树干基部设置障碍物阻止其上树产卵。

D. 覆盖薄膜或地面覆草。在畦面覆地膜或地面覆草，可以阻隔土中的害虫钻出危害，也可阻挡土中的病原物向地面扩散传播和杂草出土。如芍药地覆膜后，芍药叶斑病大幅减少。玉米盖膜后，玉米大斑病、小斑病、灰斑病发病明显减少。

适用范围

无迁飞能力只能靠爬行的害虫以及靠气流传播的病害。

注意事项

对具有飞翔能力和依靠人为操作、水流等传播的病害防治效果不好。

（三）热处理

技术原理

高温将引起许多微小生物体的死亡，包括土壤中的病原菌和害虫。土壤消毒一般在播种前的苗床上燃烧稻草、秸秆、干草、废弃材料等。翻耕田块后，暴晒土壤几周，就可杀死一些病原菌和害虫、草种（图5-15）。用透明塑料薄膜覆盖在土壤上暴晒土壤，阳光通过塑料薄膜加热土壤，并保持土壤中的热量。通常薄膜要持续覆盖4周才能移开。

图5-15　晒　垡

适用范围

利用蒸气、热水、太阳能、烟火等的热度对土壤、种子、植物材料进行处理，可以杀死种子、果实、木材中的病虫。

注意事项

A. 正确控制处理的温度，避免烫伤种子，影响发芽率。

B. 将沸水倒在苗床土壤上以杀死病原菌和害虫，待土壤温度降下后再播种。

C. 稻草燃烧时间短，不能加热到深层土壤，其结果仅仅是表土被消毒；稻壳则燃烧缓慢，能加热到深层土壤，消毒效果更好。

（四）果园生境多样性控制果树病虫

技术原理

合理进行套种（图5-16），有利于提高果园生境的多样化，使生态系统更加稳定，中性昆虫在害虫综合治理中的作用更加明显，天敌数量增加。如相同时间阶段内间作套种花椒园（复合系统）昆虫和蜘蛛的总量达7 963头，且群落相对稳定而单一种植花椒园（单一系统）昆虫和蜘蛛的总量仅有6 492头。间作套种花椒园的物种丰富度、多样性指数和优势度指数高于单一种植花椒园。

图5–16　茶园—果树套种模式

应用范围

如果园中种植紫花苜蓿（*Medicago sativae*）可大大增加天敌的数量，主要是东亚小花蝽，降低苹果害螨的数量。云南省茶园套种的模式主要有凤庆县茶园套种桃树、李树、梨树、核桃树、老茶树等，广南县茶园套种辣椒，腾冲县茶园套种玉米。

注意事项

A. 套种后一些天敌的数量会增加，而一些天敌数量会减少。如苹果和某些植物套种后，捕食性天敌群落中的个体数量相对百分比有所增加，而另一些，如小花蝽、塔六点蓟马和瓢虫类等天敌有所减少。

B. 果园采用生草栽培技术后生草园由于地面有益植被对天敌的保护增殖作用，天敌发生早，数量大，种群稳定，当树上害虫发生时，能及时上树，在不施任何杀虫剂的情况下，能有效地控制害虫（图5-17）。

C. 果园害虫的综合治理不是孤立的，必须与周围环境密切结合，摸清天敌在果园生境里的迁移规律，采用果园植草等技术招引和助迁天敌。

图5-17　果园生草技术

四、生物防治技术

（一）赤眼蜂防治甘蔗螟虫（图5-18）

技术原理

赤眼蜂是一种卵寄生蜂，利用赤眼蜂防治农林作物害虫，是以虫治虫的一种防治手段。赤眼蜂成蜂交尾后雌蜂在田间寻找寄生卵，通过寄生甘蔗螟虫的卵而将甘蔗螟虫消灭于卵期，从而控制螟虫数量。 赤眼蜂幼虫发育到一定时期后，便在寄生卵内化蛹，蛹羽化为成蜂，将寄主卵壳咬破一个小孔后出来，交尾后再寻找其他虫卵寄生，不断扩大繁殖。

应用范围

甘蔗条螟、二点螟、黄螟。

应用技术

A. 整个甘蔗生长期共释放赤眼蜂4 ～ 5次，根据虫情监测情况在螟虫产卵盛

期释放，使赤眼蜂与螟虫卵相遇。

B. 每张蜂卡有1 000头以上的赤眼蜂，第1次每亩放3张，以后根据螟虫发生情况进行调整。

C. 以每块蔗地的一角为起点，沿田埂数10行，从第10行沿垄前行20步放置第1张蜂卡，再前行20步放置第2张蜂卡，继续前行，每隔20步放置1张蜂卡，该行结束后，另起10行逆方向行走，每20步放置1张蜂卡，每推移10行循环依次走动，直至该片蔗地放置完毕。

图5-18　赤眼蜂防治甘蔗螟虫

注意事项

A. 将蜂卡插在两片蔗叶之中，尽可能使蜂卡的正面（赤眼蜂附着面）朝下，蜂卡印有文字的一面朝上，以防雨水冲刷。同时，放卡时尽可能避免阳光直射，避免雨天放蜂。

B. 赤眼蜂主动飞翔能力在10米左右，所以蜂卡在田间分布要均匀，否则影响效果。

C. 用于防治甘蔗螟虫的螟黄赤眼蜂30小时内必须将蜂卡释放到蔗田里，否则赤眼蜂将会羽化飞出而失效。

D. 晴天放蜂效果好，如放蜂后遇大风雨或连续3 ～ 5天下雨，应尽可能补放。

（二）稻田养鸭技术

技术原理

鸭在稻田间不断活动，能有效防除杂草，促进生态系统循环，增强植株活力；鸭排泄的粪便可以为稻田增肥；鸭在稻丛间不断觅食害虫，同时觅食过程中不断摇动稻株，使稻飞虱等害虫落入水中死亡。如稻田养鸭对二化螟的控制主要是通过食物链及生态位竞争、驱赶和捕杀二化螟等实现的。研究发现，稻鸭共育田蜘蛛数量比常规稻田增加1.66 ～ 2.61倍，蜘蛛数量得到显著提高。

应用范围

稻田养鸭控制杂草、稻飞虱、稻水象甲、福寿螺、蝗虫、水稻螟虫等害虫。

应用技术

A. 前期施足有机肥，为主底肥，以减少后期追肥次数，水稻移栽10天活棵后放鸭，直至水稻抽穗灌浆后收回鸭子，水稻成熟收割后第2次赶鸭下田。

B. 每亩稻田放养10 ~ 15只鸭，脱温雏鸭（7 ~ 14日龄）即可放入田中。

C. 安装频振式杀虫灯诱虫，减少病虫基数，同时为鸭子提供饲料。

注意事项

A. 稻田用药时要将鸭子收回，以防中毒。

B. 因为鸭子喜食稻穗，所以水稻抽穗时要将鸭子从稻田里收回。

C. 稻谷收割完成后，再将鸭群赶回稻田使其觅食散落的稻穗。

本节对应的培训活动案例为第八章第五节有害生物综合治理技术培训活动案例。

第二节　农药的选择与识别

一、从包装上进行选择与识别（图5-19）

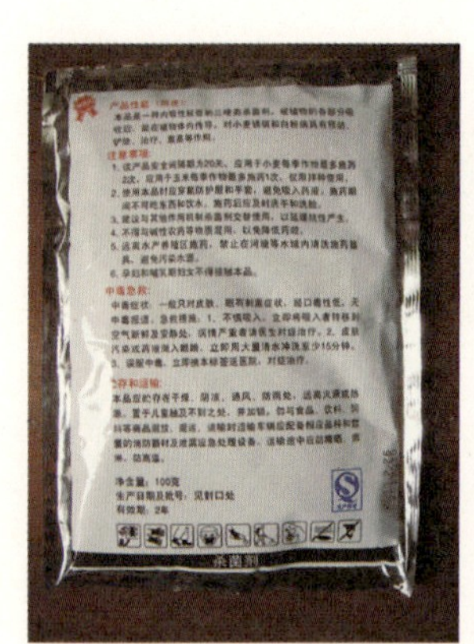

图5-19　农药包装示例

● 标签内容。农药标签上应“三证”齐全，即农药登记证号、产品标准号、生产批准证号，还应有农药产品名称、有效成分、含量、重量、产品性能、毒性标志、用途、使用方法、生产日期、有效期、注意事项和生产企业名称、地址、邮编等内容；分装的农药，还应注明分装单位。缺少上述任何一项内容，则应提出疑问。

● 产品名称。标签上的农药产品名称必须使用中文通用名。

● 产品包装。相同剂量的产品规格应相同，不能有大有小，内外包装应完整，不能有破损。

● 产品合格证。每个农药产品的包装箱内都应附有产品出厂检验合格证，在购买农药时要查看有无产品出厂合格证。

● 散装农药产品不能购买。由于散装农药掺假容易，真伪难以识别，出了问题难以处理。

二、从农药物质形态上识别

1. 乳油类农药

乳油类农药可采取震荡、加热、稀释等方法来识别。

- 震荡法：观察瓶内的药剂有无分层现象，如果已分层，即上层浮油下层沉淀，此时可用力震荡均匀，静止1小时后如仍然分层，则说明是伪劣农药。
- 加热法：对于有沉淀的乳油农药，连同瓶子放在热水中，水温以烫手为准，1小时左右沉淀不能溶解者为伪劣农药。
- 稀释法：对没有分层、沉淀的农药，可以取约10毫升放于白色玻璃瓶中，加水30毫升，搅拌后静置半小时。合格的农药水面无浮油，水底无沉淀，稀释液呈乳白色，反之则为伪劣农药。

2. 水剂农药

水剂农药的合格产品无沉淀，稀释后呈均匀液体，无沉淀分层现象。伪劣产品有明显沉淀，稀释后药液分层。

3. 粉剂农药

合格产品粉粒细、光滑，容易从喷粉器中喷出，有明显臭味，如果是可湿性粉剂，则能均匀悬浮在水中。伪劣农药一般粒粗、不光滑，臭味不浓或无臭味，劣质可湿性粉剂一般难溶于水或加水后有沉淀。

4. 颗粒剂农药

一般合格产品颗粒均匀，有较浓的气味，放入水中不易变色。而伪劣产品颗粒不均匀，气味不浓或在水中易变色。

正规合格的农药应使用新型包装材料，且耐用、封口严，瓶间由防震材料填紧，包装箱外面印有农药登记证号、产品标准号、生产许可证号（或生产批准证号）、包装规格、毒性标志、有效成分含量、生产厂家名称、厂址等内容，并贴有合格证和使用说明书等。

伪劣农药的包装一般比较粗糙、不统一，瓶口密封不严，多有渗漏现象，且很少贴有合格证或使用说明书。

第三节　农药使用人员的个人防护

施药人员的安全防护措施（图5-20）

- 施药前应充分了解农药特性，检修施药器械，确保器械完好、不漏水。
- 选择有一定生产经验和农药知识且身体健康的青壮年从事施药作业。
- 施药时，应穿工作服、戴口罩、穿长裤等防护用品；施用颗粒剂时应戴橡胶手套，不得用手直接抓施；施用中等毒性以上或具熏蒸作用的农药时，应提高警惕，最好有人相伴。
- 施药期间不得抽烟、喝水、吃东西。
- 施药结束后，应将施药器械清洗干净，脱去工作服，先用水冲洗手、脸等裸露部位，再用肥皂擦洗，用清水漱口，衣物要用洗衣粉浸泡洗净。

图5-20　做好安全防护的施药农民

第四节　农药的使用量、配制方法及使用安全间隔期

一、农药配制

使用农药前，要先调查田间病虫害发生情况，根据病虫害发生情况合理安排防治时期，适时用药，施药时按照农药标签规定的用药量和施药次数用药，一般都能达到理想的防治效果。

农药配制一般分为两个步骤：一是农药的量取；二是农药的配制（图5-21）。

实际施药时需准确核定施药面积，根据农药标签推荐的农药使用剂量，计算用药量。

农药稀释的用水量与农药用量通常用以下3种方式表示。

图5-21 农民正在配置农药

1. 百分比浓度表示法

百分比浓度表示法是指农药的百分比含量。如配制15千克0.01%的三唑酮药液，所需30%三唑酮可湿性粉剂的量，计算公式如下：

制剂用量=使用浓度×药液量（0.01%×15千克）÷制剂的百分比含量（30%）=5克

称取5克30%三唑酮可湿性粉剂，加入15千克水中，搅拌均匀，即为0.01%的三唑酮药液。

2. 倍数浓度表示法

倍数浓度表示法是施用农药时常用的一种表示方法。所谓××倍，是指水的用量为制剂用量的××倍。例如配制15千克3 000倍吡虫啉药液，所需吡虫啉制剂量为5克。

使用倍数（3 000）×制剂用量=稀释后的药液量（15千克）

制剂用量=15×1 000÷3 000=5克

3. 百万分之一（ppm*）含量表示法

1 ppm是指药液中有效成分含量为1毫克/千克。

例如配制400 ppm的多菌灵药液15千克需要50%的多菌灵可湿性粉剂的量，用以下公式计算：

$$400\times10^{-6}\times15\times10^{3}=50\%\times\text{所需制剂量}$$

所需制剂量=12克

所以配制400 ppm的多菌灵药液15千克，需要50%的多菌灵可湿性粉剂12克。

* ppm为非法定计量单位，此处表示农药中有效成分含量为1毫克/千克。

二、农药配制注意事项

1. 称量农药时的注意事项

● 量取或称量农药时应在避风处操作。

● 所有称量器具在使用后都需要清洗，冲洗后的废液应在远离居所、水源和作物的地点妥善处理。量取农药的器皿不得作其他用途。

● 在量取农药后，应封闭农药包装并将其安全储存。农药在使用前应完好保存于原包装中。

2. 配制农药时的注意事项

● 选择远离水源、居所、家畜圈舍的场所配制农药。

● 现用现配，需短暂存放时，应有专人保管。

● 选择没有杂质的清水配制农药，不得使用配制农药的器具取水，药液不应超过额定容量。

● 根据农药剂型及防治对象，按照农药标签推荐的方法配制农药。

● 采用“二次稀释法”进行操作。

● 配制现混现用的农药，应按照农药标签上的规定或在技术人员的指导下进行操作。

三、农药安全间隔期

农药安全间隔期，是指作物采收距最后一次施药的天数，也就是说施用一定剂量的农药后必须等待多少天才能采摘，故安全间隔期又名安全等待期，它是农药安全使用标准中的一部分，也是控制和降低农产品中农药残留量的一项关键性措施。一般来讲，易降解的农药安全期就短，不易降解的农药安全间隔期就长一些。同时，同一种农药在不同作物上使用，安全间隔期也不同。

目前，我国多数农药已有相应的安全间隔期，并在农药标签上进行了标注，农民朋友在收获作物前，只要按照农药标签上的提示，注意安全间隔期，就能有效避免农残超标问题。

第五节　农药的安全储藏

农药的储存和保管对温度、湿度等均有一定要求，需严格按农药标签要求将其保存在适宜的条件下，才能保证对人、畜及环境的安全，同时维持农药原有的活性，并保证其防治效果。

一、仓库储存农药的要求

储存农药需要配备专门的仓库，仓库应建在远离儿童、生活空间等公众不易接触的地方，仓库最好用混凝土或沥青作地面，保证农药储存期间不发生渗漏，排水口必须连接专门的容器，储藏间应有窗户或排风系统，以保持空气流通。储藏间应当保持适宜的温度，湿度，避免阳光照射。温度过高或阳光照射易引起农药有效成分的分解，湿度太大易引起农药标签或包装袋的损坏。

二、农药经销店储存农药的要求

农药经销店储存农药时，必须远离粮食、蔬菜、日用品、饲料、饮料和其他食品等；也不能与石灰、氨水等碱性物品以及硫酸铵、硝酸铵等酸性物品同柜存放；严禁与爆竹、火柴等易燃易爆物品存放在一起。

另外，农药包衣的种子也要妥善存放。包衣种子储藏应远离儿童、宠物及生活用品等，应放置在远离农药的地方，若与农药放在一起，包衣种子可能被污染。

三、农户储存农药的要求

农户储存的农药不得与食品、饮料、饲料、种子等其他商品同时储存，储存农药的地方应设置警示标志或选在儿童不易找到的地方，并加锁，以免儿童误食、误拿。储存前，一定要检查开口后的农药瓶内、外盖是否盖紧，开口后的袋装农药的袋口是否扎紧，以免农药失效。农药应当储放在阴凉、通风、干燥的地方，瓶装农药不要倒放或卧放，以免泄露。

农药的保管和储藏是农民朋友最容易忽视的环节。正确保管和储藏农药，不仅可确保农药不变质，又可确保人、畜及环境的安全。

第六节　农药的中毒救治

一、农药中毒症状

常见的农药中毒症状有头晕、头痛、恶心、呕吐、四肢无力、冒虚汗等，在施药过程中或施药后，一旦出现上述症状，应首先脱离毒源，脱去衣物，清洗身体的裸露部位，尽快就近就医。

二、农药中毒后的急救措施

- 农药溅到皮肤上，应及时用大量清水冲洗，更换污染衣物。如果溅到眼睛里，至少用清水冲洗15分钟。
- 出现头痛、恶心、呕吐等中毒症状，应立即停止施药，保持冷静，离开现场转移到通风良好的地方，脱掉防护用品，用肥皂水清洗污染部位，必要时携带农药标签就医。
- 如果当事人已经昏迷，旁人要协助急救。将病人侧卧，头向后仰，拉直其舌头，使呕吐物能顺利排出，保存农药标签并及时打电话联系医院急救。当事人恢复后数周不能使用农药，以防更严重的症状出现。

中毒咨询：010-83132345（中国疾病预防控制中心职业卫生与中毒控制所24小时咨询服务电话）。

急救热线：所在地的120。

第七节　残余药液及农药空包装处理

一、残余药液的处理

施药结束后，如果喷雾器中的药液未用完，应妥善处理，以免造成环境污染。对剩余药液可做如下处理。

- 喷在另一块适用的作物上。
- 将剩余药液稀释10倍，倒在喷过药的地里，前提是这块地施药前没有过量地施用过该药，以避免农作物中农残超标和土壤中农残超标危害作物。
- 严禁倒入沟渠、堰塘及水库等。

在非施用场所溢漏的农药也应及时处理。在进行处理时，作业人员应穿戴防护服（如手套、靴子和护眼器等），如果作业中发生溢漏，则污染区要求由专人负责，防止儿童或动物靠近或接触；对于固态农药如粉剂和颗粒剂等，要用干砂或土掩盖并清扫至安全地方或施药区；对于液态农药，用锯木、干土或炉灰等粒状吸附物清理；如属高毒且量大的农药，应送环保部门指定的农药废弃物回收站，由废物处置中心进行集中处理。

二、农药空包装处理

农药废弃包装物严禁作为他用，不能随意丢弃、掩埋或焚烧，要送环保部门指定的农药废弃物回收站，由废物处置中心进行集中处理（图5-22）。可借鉴的做法是：完好无损的废弃包装物可由销售部门或生产厂家统一收回；高毒农药的破损包装物要按照高毒农药的处理方式进行处理。

图5－22　农药废弃包装处理池

农民朋友在使用农药和保管农药过程中，一定要妥善处理，避免产生不必要的危害。

本章对应的培训活动案例为第八章第四节降低农药使用风险途径培训活动案例。

第六章 施药器械的使用

第一节 背负式手动喷雾器

一、构造及工作原理

背负式手动喷雾器是通过手动加压方式使药液经过喷头，使药液雾化，均匀施于防治目标对象表面的施药器械。这类器械具有结构简单、经济实用、使用操作方便等特点。

1. 主要部件及功能（图6–1）

药箱：由薄钢板、铝板、聚乙烯或玻璃钢等多种材料制成，是喷雾器的药液容器。

增压部件：由泵筒、活塞杆、皮碗、进水阀、出水阀、吸水管和空气室等组成，主要功能是增加压力，为喷雾做准备。

图 6–1 工农–16型背负式手动喷雾器
1.开关 2.喷杆 3.喷头 4.螺母 5.皮碗 6.活塞杆 7.毡圈 8.泵盖 9.药液箱 10.泵筒 11.空气室 12.出水球阀 13.出水阀座 14.进水球阀 15.吸水管

喷洒部件：由套管、喷杆、开关、喷雾软管和喷头等组成。

2. 工作原理

当摇动摇杆时，摇杆带动活塞杆和皮碗，在泵筒内作上下运动，当活塞杆和皮碗上行时，出水阀关闭，泵筒内皮碗下方的容积增大，形成真空，药液箱内的药液在大气压力的作用下，经吸水滤网，冲开进水球阀，涌入泵筒中。当摇杆带动活塞杆和皮碗下行时，进水阀被关闭，泵筒内皮碗下方容积减少，压力增大，所储存的药液即冲开出水球阀，进入空气室。由于活塞杆带动皮碗不断地上下运动，使空气室内的药液不断增加，空气室内的空气被压缩，从而产生了一定的压力，这时如果打开开关，空气室内的药液在压力作用下，通过出水接头，压向胶管，流入喷管、喷头体的涡流室，经喷孔喷出。

3. 主要用途

常用于水稻、蔬菜等矮秆粮经作物病虫草害防治及叶面肥、生长调节剂喷施，公共场所卫生防疫等。

二、使用方法

手动喷雾器结构简单，操作方便，易于维护，一般每小时喷施面积1亩左右，喷幅宽度约1米，适用于小面积地块的病虫草害防治。

1. 使用前准备

- 按说明书要求安装喷雾部件至喷管，检查各接头处安装是否到位。
- 打开药箱顶盖，加入清水（低于加水线）后关上顶盖并拧紧。
- 将喷雾器放稳，用手柄上下运动加压，同时观察各部件是否有漏水。
- 打开喷头喷雾，检查喷雾器连接处是否漏水，喷雾是否正常。
- 检查完毕后即可将药液加入药箱中开始作业。

2. 喷雾作业

- 作业前根据药量及防治面积计算行进速度，设定行进路线和喷幅。
- 将喷雾器背好，左手控制压杆做上下运动加压，右手执喷杆将喷头移至防治目标，打开喷头进行喷雾作业。
- 初次装药液时，由于喷杆和气室内还残留部分清水，开始2～3分钟内喷雾药液浓度较低，需适当放慢行进速度，3分钟过后可按正常行走速度喷施。
- 喷施时根据事先设定的速度行走，注意手眼配合，控制节奏，将喷头对准喷雾目标，确保防治效果。
- 喷雾时应考虑风向对作业的影响，根据风向调整行走路线，确保施药安全。

3. 维护保养

- 使用完毕后倒出药桶内的残余药液，加入少量清水继续喷洒干净，使用清水清洗喷雾器各部分。
- 将喷雾器置于室内通风干燥处，避免阳光暴晒。
- 喷头堵塞后可用清水冲洗或用小毛刷清理，禁止使用尖锐器具疏通。
- 经常检查药液管道阀门和通道，清理堵塞物。
- 更换皮碗需在表面涂抹适量润滑油，气室帽内毡条、皮碗使用前也需加润滑油。

三、故障及维修

- 无法喷雾并伴有水滴滴下：卸下喷头清除堵塞物。
- 开关漏水：开关损坏或开关帽下的石棉绳老化产生间隙会导致漏水，应视情况更换新开关或新石棉绳，拧紧即可。
- 喷雾时水和气同时喷出：其原因是桶内的输液管焊缝脱焊或输液管被药液腐蚀，需进行焊补或更换新管。
- 雾滴零散，不呈圆锥形：其原因是喷孔形状不正或被脏物堵塞，造成雾化不良。应拧下喷头帽调整，并清除喷孔脏物。
- 气筒打不进气：其原因一是皮碗干缩硬化，磨损破裂；二是皮碗底部螺钉脱落，皮碗脱下。可将干缩的皮碗卸下放在机油或动物油中浸泡，待膨胀后再装上；破裂的皮碗要更换新品，螺钉松脱的装好皮碗后拧紧即可。
- 气筒压盖或加水盖漏气：造成这种状况的原因主要是密封不严，应检查橡胶垫圈是否损坏或未垫平，凸缘是否与气筒脱焊。应视情况更换垫圈、垫平垫圈或对脱焊部位进行修补。
- 塞杆和压盖冒水：气筒壁与气筒底脱焊或阀壳中钢球被脏物卡住不能与阀体密合，都会引起冒水。应视情况进行焊补或清除脏物。

第二节　背负式机动喷雾器

一、构造及工作原理

1. 主要部件及功能（图6–2）

机架总成：主要包括机架、操纵机构、减振装置、背带和背垫等部件。

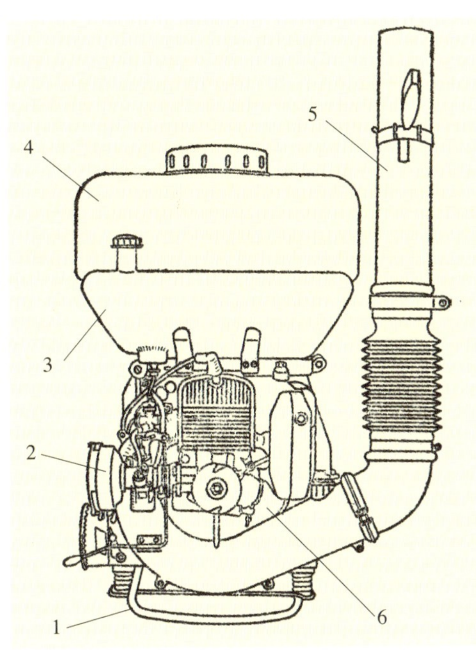

图6－2　东方红－18型喷雾喷粉机
1.机架　2.汽油机　3.油箱　4.药箱
5.喷洒装置　6.离心风机

离心风机：产生高速气流，使药液雾化或将药粉吹散，并将之送向远方。背负式喷雾喷粉机所使用的风机均是小型高速离心风机。气流从叶轮轴向进入风机，获得能量后的高速气流沿叶轮圆周切向流出。

喷洒装置：主要包括弯头、软管、直管、弯管、喷头、药液开关和输液管等。

2. 工作原理

离心风机与汽油机输出轴直连，汽油机带动风机叶轮旋转，产生高速气流，其中大部分高速气流经风机出口流往喷管，而少量气流经进风阀门、进气塞、进气软管、滤网流进药液箱内，使药液箱中形成一定的气压。药液在压力的作用下，经粉门、药液管、开关流到喷头，从喷嘴周围的小孔以一定的流量流出，先与喷嘴叶片相撞，初步雾化，在喷口中再受到高速气流冲击，进一步雾化，弥散成细小雾粒，并随气流吹到很远的前方。

3. 主要用途

大面积农林作物病虫害防治工作、化学除草、城市卫生防疫、仓储害虫防治及家畜环境卫生清洁等。

二、使用方法

1. 启动前准备

- 检查各部件安装是否正确、牢固。
- 确保机器无破损，检查油箱及药箱是否漏油、漏水。

2. 启动

● 加油。根据器械要求加注相应标号燃油，若使用混合油，按说明书比例加注。

● 开燃油阀，打开油门。

● 调整风门，冷天或第一次启动时关闭风门，热机启动时可打开风门。

● 拉启动手把启动机器，注意不要让启动手把自动缩回，应手握住启动手把让其缓慢收回。

● 启动后立即将风门全部打开，同时调整油门使机器低速运转3 ~ 5分钟，等机器温度正常后再加速。

3. 关机

● 停止喷雾后立即关闭油门和燃油阀。

● 将油箱和药箱里的燃油和药液倒出，分别用汽油和水清洗油箱和药箱。

● 卸下喷管，将喷雾机装入包装箱，放入储备物资仓库，由专人保管。

4. 喷雾作业

● 加药液。加入药液之前先加入清水试喷一次，检查喷嘴是否堵塞。

● 喷雾。背上机器后，调整油门开关使汽油机稳定在5 000转/分左右，打开开关开始喷雾。

5. 喷雾注意事项

● 操作人员必须经过培训后方可操作机器，且操作前必须穿戴好防护服。

● 开关开启后，边走边摆动喷管，严禁停留在一处喷洒，以防引起药害。

● 喷雾过程中左右摆动喷管以增加喷幅，前进速度与摆动速度相配合，以提高喷雾效率。喷雾时要避免顶风作业，应顺风施药，确保安全。

● 控制单位面积喷雾量，利用行进速度和控制药液开关大小控制单位面积喷雾量，避免药害。

三、故障及维修（表6-1）

表6-1 常见故障及维修

故障	原因	解决方法
不能启动或启动困难	油路不畅通	清理油道
	燃油过脏，油中有水等	更换燃油
	气缸内进油过多	拆下火花塞空转数圈，擦干火花塞
	火花塞不跳火，积炭过多或绝缘体被击穿	清除积炭或更新绝缘体
	电容器击穿，高压导线破损或脱解，高压线圈击穿等	更新损害部件
	火花塞未拧紧，曲轴箱体漏气，缸垫烧坏等	紧固有关部件或更换缸垫
	曲轴箱两端自紧油封磨损严重	更换油封
能启动但功率不足	供油不足，主供油孔堵塞，空滤器堵塞等	清洗疏通油路
	燃烧室积炭过多，使混合气出现预燃现象	清除积炭
	气缸套、活塞、活塞环磨损严重	更换部件
	混合油过稀	将混合油比例调到要求指标
发动机运转不平稳	主要部件磨损严重，运动中产生敲击抖动现象	更换部件
	浮子室有水或沉积了机油，造成运转不平稳	清洗部件
运转中突然熄火	燃油烧完	加油
	高压线脱落	接好线路
	油门操纵部件脱解	修复操纵部件
	火花塞被击穿	更换火花塞
农药喷射不雾化	转速低	提高转速
	风机叶片角度变形，风门未打开	根据情况修复或更换
	超低量喷头内的喷嘴轴弯曲，高压喷射式的喷头中有杂物或严重磨损等	修复或更换喷头

第三节　背负式电动喷雾器

一、构造及工作原理

1. 主要部件及功能（图6-3）

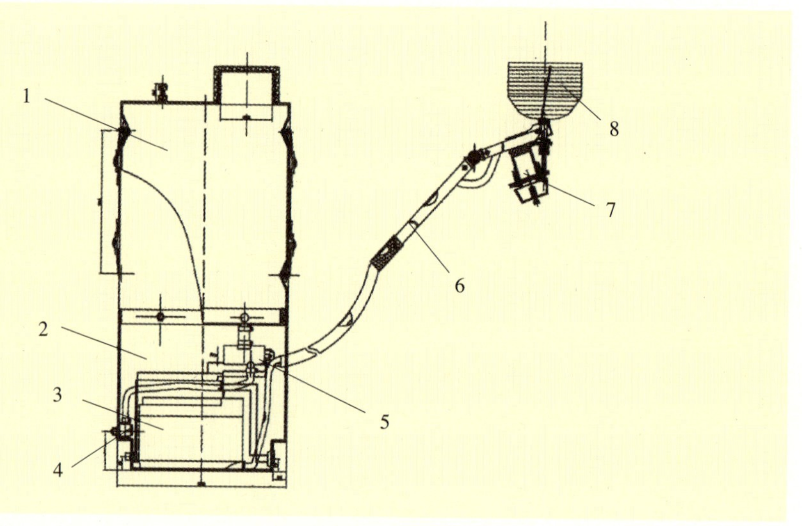

图6-3　背负式电动喷雾器

1.药箱　2.底箱　3.蓄电池　4.调速器
5.微型泵　6.喷杆　7.离心雾化喷头　8.储液箱

药液存储装置：药箱、滤网、联接头。
动力装置：抽吸器（小型电动泵）。
喷洒部件：连接管、喷管、喷头。

2. 工作原理

由低压直流电源提供能源，驱动低压电动水泵将储液桶内的液体吸出，通过输液管进入喷杆，经喷嘴实现雾状喷施。

3. 主要用途

主要应用于粮食、蔬菜病虫草害及卫生害虫防治。

二、使用技术

- 电动喷雾器与手动喷雾器工作原理相似，但动力主要由电力提供，一般药箱容积比手动喷雾器小，但比机动喷雾器大。
- 新购置器械应立即充电，充电时应使用原机械配套的充电器，确定电源输出电压与充电器的输入电压相吻合。首次充电应多充1 ～ 2小时，确保电量充足。
- 根据电动喷雾器的有关参数，如作业效率、喷幅等参数设计田间行走路线和速度，确保防治质量。
- 田间作业时先打开电源开关，再打开药液开关，即开始喷雾。
- 每次使用完毕后回到住所应立即充电，可有效延长电池使用寿命。
- 农闲或长时间不使用时应每月充电一次，以保养电池。

三、故障及维修

- 新购机器不能充电。故障原因：电路连接线脱落。故障排除：检查电路，将连接线接头插好。
- 水泵不出水但电机工作正常。故障原因：水泵内的膜片粘连，无法正常工作。故障排除：在水龙头下放置水泵，利用水的冲击力让水泵恢复工作，如仍无法解决，则拆开水泵加水再次运行。
- 工作一段时间后突然停止喷雾。故障原因：水泵堵塞。故障排除：拆开水泵，清理堵塞物。
- 漏水。故障排除：加固螺丝，如仍不能解决则需更换泵头。
- 电机工作正常，但不能喷雾。故障原因：喷头、喷管或其他药液管道堵塞。故障排除：清理喷头、喷管或其他管道中的堵塞物。

第四节　烟 雾 机

烟雾施药技术是指把农药分散成为烟雾状态的各种施药技术的总称。烟和雾的区别在于，烟是固态微粒在空气中的分散状态，而雾则是微小的液滴在空气中的分散状态。烟和雾的共同特征是粒度细，常为0.01 ～ 25微米的超细粒径，在空气扰动或有风的情况下，能在空间弥漫、扩散，能够比较持久地呈悬浮状态。因此，烟雾技术非常适合在封闭空间使用，如粮库、温室大棚，也可以在相对封闭

的果园、森林等场合使用。

热雾机和冷雾机都是利用高速气流对药液进行超细雾化的喷雾机械。这两种机具所产生的药雾中均不含固态颗粒，因此，国际上统称为热雾机和冷雾机，可以同时产生固态微粒和液态雾滴的复合分散体系才称为烟雾。但是由于这两种机具所产生的药雾已属于超细雾滴，其在空气中的行为与生活中常见的烟和雾相似，因此在中国往往被称为常温烟雾、冷烟雾和热烟雾，相应所采用的专用机具称为常温烟雾机、冷烟雾机和热烟雾机。

热烟雾机和冷烟雾机的主要区别在于，热烟雾机必须选用高沸点的安全矿物油作为农药的溶剂，因为这种机具的燃烧室所产生的废气温度高达1 200 ～ 1 400℃，通过冷却管以后的温度仍高达100 ～ 500℃，在排出喷口以后才迅速降低到环境温度；而冷雾机则选用水作为农药载体或介质，其雾滴细度一般可达20微米左右，太细的水雾滴则会迅速蒸发散失。这两种机具都必须采用很强的动力，或利用燃烧废气所产生的强大动力，或利用高功率电动机和风机所产生的强大气流，才能产生超细雾滴。

一、常温烟雾机

常温烟雾技术是20世纪80年代开始在国际上发展起来的。该技术利用高速、高压气流或超声波原理在常温下将药液破碎成超细雾滴（或超微粒子），雾滴直径一般为5 ～ 25微米，可在棚室内充分扩散，长时间悬浮，对病虫进行触杀、熏蒸，同时对棚室内设施进行全面消毒灭菌。不但用于农业保护地作物的病虫害防治，进行封闭性喷洒，还可用于室内卫生杀虫、仓储灭虫、畜舍消毒以及高温季节室内增湿降温、喷洒清新剂等。

温室、大棚中使用常温烟雾机施药与使用其他常规植保机械相比，具有高效、安全、经济、快捷和方便的特点，优点如下。

- 农药利用率高，防治效果好。常温烟雾法是室温条件下利用压缩空气将药液雾化，进而沿风机送风方向吹送，沿直线方向扰动扩散，直至充满整个棚室空间。药液细小雾滴将长时间处于均匀分布、悬浮状态，经消化系统、呼吸系统、表皮毒杀害虫，通过接触杀灭病菌，防治效果好。具备臭氧发生器的烟雾机，产生的臭氧对棚室、空气和土壤等进行消毒、杀虫、灭菌处理，控制病虫源头。
- 省水、省药，不增加空气湿度，施药不受天气限制。常温烟雾法的施药液量为2 ～ 5升/亩*，比常规喷雾法省水90%以上，这在北方干旱地区尤为重

* 亩为非法定计量单位，15亩＝1公顷。全书同。

要。并且据国外资料介绍，常温烟雾施药法的农药使用量也比常规喷雾法节省10%～20%。由于减少了施药液量，不增加棚室内湿度，避免了因过湿而诱发病虫害。阴雨天也可以实施烟雾施药，便于及时控制病虫害。

- 药剂适应性强。常温烟雾法在室温状态下使药液雾化，农药的使用形态为液态，不损失农药有效成分，不限制农药制剂的种类。常温烟雾法对农药的剂型没有特殊要求，一般，水剂、油剂、乳油及可湿性粉剂等均可使用。
- 省工、省时、对施药者无污染。施药时操作人员不需进入棚室内作业，既显著降低了劳动强度，又避免了作业中的中毒事故。有的烟雾机还具备电动行走功能，操控与搬运方便。

因此，研究开发常温烟雾施药技术及机具是防治日趋严重的棚室作物病虫害的有效途径。

常温烟雾机按其控制喷雾的方式不同，可分为人工控制式和自动控制式两种，自动控制式常温烟雾机又可分为电动机驱动式和汽油机—发电机组式两种；按其原理不同，可分为内混式常温烟雾机和外混式常温烟雾机。在引进吸收国外样机及其技术的基础上，我国先后研制开发的机型主要有3YC-50型常温烟雾机、BT2008-Ⅰ型自控臭氧消毒常温烟雾机等。

1. 常温烟雾机的主要结构

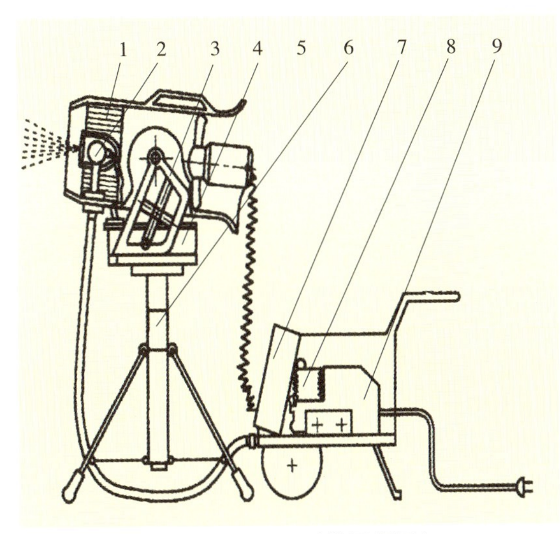

图6-4　3YC-50型常温烟雾机

1.喷筒及导流棚　2.气液雾化喷头　3.支架　4.药液箱　5.轴流风机　6.升降架　7.电气柜　8.电动机　9.空气压缩机

以3YC-50型常温烟雾机为例（图6-4）（表6-2），主要结构由空气压缩机、气液雾化喷射部件、药液箱、轴流风机、电气柜和升降架等组成。

喷雾作业时喷射部件安装在升降架上，放置在棚室内，装有空压机、电气柜的动力机组设置在棚室外，操作者在室外通过控制系统进行操作，无需进入棚内。控制喷雾的方式有人工控制式和自动控制式，后者有电机驱动式和汽油机—发电机组式两种。

表6-2　3YC-50型常温烟雾机的技术性能参数

名　称	参数值	备　注
整机尺寸（毫米）	915/514/950	整机行走状态尺寸
整机净重（千克）	65	含升降支架
雾滴直径（微米）	15 ~ 25	
喷雾容量（毫升/分）	50 ~ 70	
施药液量（升/亩）	2 ~ 4	
作业生产率（亩/小时）	1	
适用棚室面积（亩）	0.5 ~ 1	（30 ~ 60）米×（6 ~ 10）米×2.5米
每台机器防治服务面积（亩）	5 ~ 10	
压缩空气压力（兆帕）	0.15 ~ 0.2	0.15 ~ 0.2兆帕
药箱容量（升）	6	
功率（千瓦）	1.6	电压220V

2. 常温烟雾机的工作原理

常温烟雾机的工作原理是，空气压缩机产生的压缩空气进入空气室，空气室内的压缩空气经进气管输送到喷头，在喷头中的压缩空气，首先进入涡流室，由于切向进入，而产生高速涡流，高速涡流一边旋转一边前进到达喷口，在排液孔的前端产生负压，药液经吸液管吸入喷头内并与高速旋转的气流混合，初步雾化。这种初步雾化的气液混合物以接近声速的速度喷出。这时由电机带动轴流风机产生轴向风力，将从喷头喷出的雾滴送向靶标。

A. 常温烟雾技术的使用。

A.1 施药前的准备。防治作业时间以傍晚、日落前为宜，气温超过30°C或大风时应避免作业。检查棚室，确保无破损和漏气缝隙，防止烟雾飘移逸出。使用清水试喷，同时检查各连接、密封处有无松脱、渗漏现象。按说明书要求检查、调整工作压力和喷量，一般为50 ~ 70毫升/分，计算每个棚室的喷洒时间。

A.2 施药中的技术规范。空气压缩机组放置在棚室外平稳、干燥处，喷雾系统及支架置于棚室内中线处，根据作物高度，调节喷口离地1米左右，仰角2° ~ 3°。喷出的雾不可直接喷到作物或棚顶、棚壁上，在喷雾方向1 ~ 5米距离处的作物上应盖上塑料布，防止粗大雾滴落下时造成污染和药害。

启动空气压缩机，压缩气流搅拌药液箱内药液2 ~ 3分钟，再开始喷雾。喷雾时操作者无需进入棚室，应在室外监视机具的运转情况，发现故障应立即停机。

严格控制喷洒时间，到时即关机。先关空压机，5分钟后再关风机，最后停机。穿戴防护衣、口罩进棚内取出喷洒部件，关闭棚室门，密闭3～6小时才可开棚。

A.3 施药后的技术处理

作业完将机具从棚内取出后，先将吸液管拔离药箱，置于清水瓶内，用清水喷雾5分钟，以冲洗喷头、喷道。然后用拇指压住喷头孔，使高压气流反冲芯孔和吸液管，吹净水液。用专用容器收集残液，然后清洗机具。

按说明书要求，定期检查空压机油位，清洗空气滤清器海绵等。应将机具存放在干燥通风的机库内，避免露天存放或与农药、酸、碱等腐蚀性物质放在一起。

二、热烟雾机

热烟雾机利用汽油在燃烧室内燃烧产生的高温气体的动能和热能，使药液在瞬间雾化成均匀、细小的烟雾微粒，能在空间弥漫、扩散，呈悬浮状态，对密闭空间内的杀灭飞虫和消毒处理特别有效。它具有施药液量少、防效好、不用水等优点。在林业上主要用于森林、橡胶林、人工防护林的病虫害防治。在农业上适用于果园及棚室内的病虫害防治。主要机型有6HY18/20烟雾机（表6-3）、隆瑞牌TS-35A型烟雾机、林达弯管式HTM-30烟雾机等。

1. 性能规格

表6-3　6HY系列热烟雾机性能参数

名　称	参数值
整机净重	4.5～11千克
药箱容量	1.6～8升
耗油量	1.25～2.2升/小时
喷烟量	12～40升
供　电	2×1.5伏电池

2. 结构组成

热烟雾机由脉冲喷气发动机和供药系统组成。脉冲喷气发动机由燃烧室——喷管、冷却装置、供油系统、点火系统及启动系统等组成。供药系统由增压单向阀、开关、药管、药箱、喷雾嘴及接头等构成，见图6-5。

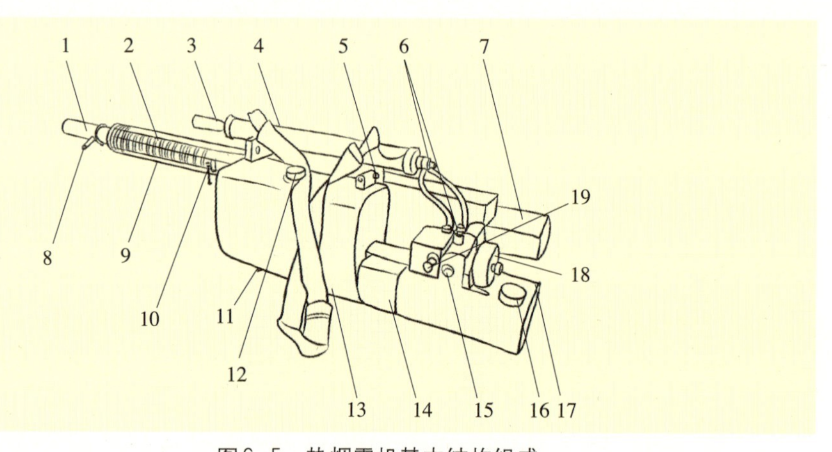

图6—5　热烟雾机基本结构组成

1.前护管　2.前护网　3.气筒柄　4.气筒　5.点火按钮　6.单向阀　7.后护罩　8.喷雾嘴　9.药液导管　10.药阀　11.排放口　12.药箱盖　13.药液箱　14.电池盒　15.高压箱　16.汽油箱盖　17.汽油箱　18.消声器　19.油门钮

3.使用与保养

A.启动前准备。严格按使用说明书要求操作，检查、紧固管路、电路和喷嘴等连接部分。装入有效电池组，注意正负极。加入合格干净的汽油，拧紧油箱盖。关闭药液开关，将搅拌均匀并经过滤的药液加入药箱，旋紧药箱盖。装药液不宜太满，应留出约1升的充压空间。

B.启动方法。将机器置于平整干燥的地方，附近不得有易燃易爆物品；用打气筒打气，使汽油充满喷油嘴进入油管中；打开电源，接通电路，操作打气筒，使发动机发出连续爆炸的声音后，关闭电源，停止打气，同时细调油针手轮，至发动机发出清脆、频率均匀稳定的声音，即可开始喷烟作业。

C.喷烟作业。将启动的机器背起，一手握住提柄，一手全部打开药液开关（不要半开），数秒钟后即可喷烟雾。在环境温度超过30℃时作业，喷完一箱药液后要停止5分钟，让机器充分冷却后再继续工作；若中途发生熄火或其他异常情况，应立即关闭药液开关，然后停机处理，以免出现喷火现象。

D.作业要求。操作技术人员、指挥人员等应提前到达防治场地，进行全面查看，提前做好必要的防护措施，并根据病虫害发生的面积、地形、林木分布、常年风向及最近的气象预报等因素，确定操作人员的行走方向、行走路线和操作规则，以及施药后的药效检查等。

E.热烟雾机适宜作业的气象条件。风力小于3级时阴天的白天、夜晚或晴天的傍晚至次日日出前后。晴天的白天、风力3级及以上或者下雨天均不宜喷烟作业，否则容易造成飘移药害，且防治效果显著降低。

F. 停机。喷烟雾作业结束、加药加油或中途停机时，必须先关闭药液开关，后关闭油门开关，揿压油针按钮，发动机即可停机。

G. 安全使用。作业过程中，手和衣服不可触及燃烧室和外部冷却管，以免烧伤。工作时不能让喷口离目标太近，以免损伤目标，更不可让喷口及燃烧室外部冷却管接近易燃物，防止引发火灾。在工作中用完汽油加油时，必须停机5分钟以上方可加油，否则会发生燃烧事故。在密闭式空间喷热烟雾，喷量不要过大（每立方米不得超过3毫升），不能有明火，不要开动室内电源开关，防止引起火灾。

H. 长时间不用时，用汽油清洗化油器内的油污，倒净油箱、药箱剩余物，用柴油清洗油箱和输药管道，并擦去机器表面的油污和灰尘，然后取出电池，加塑料薄膜罩或放入包装箱内，置于清洁干燥处存放。

4. 故障及维修（表6–4）

表6–4　常见故障及解决方法

故　障	原　　因	解决方法
启动失败	火花塞积炭，电极间隙不对或击穿	清除积炭，调整电极间隙
	缺机油、燃油	添加机油或燃油
提速缓慢或功率不足	油路有空气或油路堵塞	排气，疏通油路
	空气滤清器被脏物堵塞	清除脏物或更换
	气缸活塞、活塞环严重磨损	更换磨损部件
发动机温度过高	点火时间不对	调整或更换点火线圈
	机油不足	加注足够机油
	散热片中间杂物堵塞	清理散热片
	冷却风扇松脱失转	重新安装
	气缸活塞、活塞环磨损导致窜气	更换磨损部件
运行中熄火	燃油耗尽	加燃油
	高压线脱落	接好脱落线路
	油路堵塞	清理油路
	火花塞击穿	更换火花塞
	燃油中有水	更换燃油

（续）

故　障	原　　因	解决方法
压力不足，出水量少	调压阀压力没调好	调整压力
	调压阀被污垢卡住，不能正常运转	拆开清洁
	皮带过松	调整皮带
	调压弹簧压力不足或断裂	更换弹簧
喷枪雾化不良	枪嘴内有异物	清除、清洗
	枪嘴喷孔磨损	更换喷嘴
	调压阀压力太低	调整调压手轮
运转时有敲击声	滚动轴承松动或损坏	更换滚动轴承
	连杆或曲轴磨损大	更换连杆或曲轴
	连杆小端磨损，活塞销松动	更换连杆活塞或活塞销
升温过高	润滑油量不足	添加足量的润滑油
	润滑油太脏或标号不对	更换润滑油
	轴承间隙或其他配合部件间隙不当	检查、调整或更换轴承

第七章 降低农药使用风险培训设计与课程设置

第一节 降低农药风险项目介绍

在过去的十多年中，FAO和大湄公河次区域（GMS）国家的IPM项目在水稻、棉花和蔬菜上开展了IPM培训，给农民带来了实实在在的实惠。最显著的成果就是在不降低产量的前提下减少了农药的使用，并且转向使用低毒低风险的农药。尽管如此，农药的滥用和误用在GMS国家还是一个比较普遍的问题。随着人们对食品安全、贸易便利化、环境和健康问题的进一步关注，有必要对农民进行IPM和良好农业规范（GAP）的培训，来降低农药使用风险，实现农业的可持续发展。也正是基于以上原因，瑞典政府出资帮助GMS国家开展降低农药风险的项目，目的是通过管理农业和工业化学品的能力建设来降低健康和环境的风险。

FAO东南亚降低农药风险项目的捐助方为瑞典化学品管理局。第一期项目的实施期为2007年1月至2013年6月，第二期项目的实施期为2013年9月至2018年9月。项目实施区域包括大湄公河次区域的越南、柬埔寨、老挝和中国的云南、广西。项目在中国的实施机构为FAO、全国农业技术推广服务中心、云南省植保站、广西壮族自治区植保总站以及各地的植保站。主要目标是通过开办降低农药风险和有害生物综合防治的农民田间学校等社区教育来降低农药风险，提高农产品质量安全和环境安全水平，促进农民增收、农业增效和农村发展。

第二节 全生育期IPM农民田间学校介绍

IPM 农民田间学校是基于非正规成人教育的原则，以发现事物的真相为基础的学习模式。IPM农民田间学校通过作物一至多个生育期的培训，使农民学员在掌握科学基础知识、提高关键技能的基础上，开展社区IPM行动。农民田间学校每周组织一次集中学习，每次持续3 ~ 4小时。农民田间学校应该在整个作物生长季节有一块专用的学习田块，供学员应用IPM原理与方法种植作物，进行全生育期观察记载，开展适应型或创新型试验研究。农民小组的集体学习形式可以加强学员之间的凝聚力，可以鼓励他们在必要的时候采取集体行动。辅导员的任务是为学员提供通过亲身实践获取知识和经验的机会，而不能采取灌输式的培训方式。通过连续几个作物全生长季节的培训，受训农民能够独立地开展IPM培训，正确解决他们自己的问题，并组织开展本社区IPM集体行动。

农民田间学校每次集中学习的时间一般为3 ~ 4小时，主要包括上次内容回顾和本次活动内容介绍（10 ~ 15分钟）、农业生态系统分析（60 ~ 90分钟）、专题（30 ~ 60分钟），试验观察记录和汇报（如昆虫园、病害圃、学习田块试验观察等，15 ~ 30分钟）、团队建设活动（10 ~ 15分钟）、评估当天内容（10 ~ 15分钟）、计划下次活动（10 ~ 15分钟）等内容。

IPM农民田间学校的基本原则和要素可以概括如下：

- 采用探索式的学习方法：就是让农民自己思考怎么做和做什么，而不是让农民接受辅导员思考好的现成结论。这种在做中学、学中做的培训方法可以让农民自主学习、自主探索、自主开展研究，充分体现了农民在学习中的主体地位。探索式学习能更好地激发农民的积极性和主动性，锻炼农民的观察能力、思维能力和决策能力，增强自信心。在农民田间学校中，农田生态系统分析、昆虫园和病害圃的观察、导管试验、土壤学试验等活动内容都体现了探索式学习的特点。

- 采用参与式的学习方法：利用非正规成人教育的特点，创造轻松愉快的学习环境，尽力使所有在场的农民都投入到学习活动中，与他人合作学习，在交流和分享中产生新的思想和认识，进而提高个人改变现状的能力和信心。这种参与式学习培训方法使农民拥有丰富的生产经验，不同的意见和看法可以相互交锋，从分享与反馈中可以增加彼此的沟通，产生思想上的火花，生成新的知识。辅导员的作用更多的是促进者、协商者、话筒传递者，而不是主讲和答案。而农民学员不是听众和“水桶”，而是发言者、合作者、贡献者、“可点燃的火把”。各种参

与式的方法如讲授法、小组讨论、游戏、角色扮演、画图、现场演示、头脑风暴、歌舞和案例分析等在IPM田间学校中都得到了广泛的运用。

● 以农民为中心：在农民田间学校中，培训课程是根据农民需求设计的，为的是解决农民生产上存在的问题。农民自己开展田间调查研究，自己决定每一期需要讨论的学习内容专题，使农民逐渐成为"农民专家"。

● 农民赋权：在农民田间学校中，农民被赋予了充分的发言权、分析权和决策权。通过参与式的学习过程，农民学员在个人知识和技能方面都得到提升，提高了改变现状和自我发展的信心。

● 通过试验研究产生新的知识：在农民田间学校中，通常不推荐"技术"或者"建议"，相反，鼓励农民在田间学校学习田块或是自己的田地里做试验，通过试验产生并运用新的知识。

● 有合格的辅导员：一个好的辅导员需要过硬的技术背景、敬业的态度和娴熟的辅导技巧。如果辅导员从来没有"从种到收"种植过农作物，在给农民讲课时就会缺乏信心。一个自信的辅导员能在遇到难以解决的问题时更轻松地说"我也不知道，让我们一起找到答案"。基于此，IPM项目辅导员培训班的课程设计是覆盖作物全生育期的，同时设计辅导技巧的课程。

● 建立农民的主人翁精神和拥有感：参与式的农民田间学校需要农民学员和社区成为整个学习活动的主体。实现农民田间学校的可持续发展不是一个短期的过程，需要农民对IPM学习和自我发展有高度的主人翁精神和拥有感，在农民自我管理的农民田间学校中，农民可以自我决定和管理农民田间学校的活动和经费。

● 以种植历为基础进行全生育期培训：农民田间学校课程包括了作物从种到收的过程。对于生育期长的作物如果树等，农民田间学校集中学习通常会安排在作物生长的关键时期，这时通常需要采取一些关键的措施。

● 小组学习：通常田间学校由25 ~ 30个学员构成，这个数量便于一个辅导员辅导，也便于整个田间学校学员改变种植和病虫防控行为，在社区采取集体行动。农民田间学校通常会对学员分组，一般5 ~ 6人一组，这样农民可以在参与式的学习中有更高的参与度。

● 有学习田块：农民田间学校是以田间为课堂的一所没有围墙的学校。学员会有一块学习田块来一起种植作物，观察作物并对田间管理作出决策。在学习田块上还可以开展一些试验研究，如品种比较试验、肥料试验、绿色防控技术如性诱剂等试验。在共同学习的田块上开展试验之后，农民往往就会在自己的田块上开展试验。

● 开展训前训后测试并颁发毕业证书：IPM农民田间学校在培训开始和结束后都对农民开展测试。训前测试目的是了解农民学员的基本情况，从而开发和调整培训课程，此外，训前测试也可以作为基准预测培训的效果。农民田间学校对成绩提高和出勤率合格的农民学员颁发毕业证书，以对农民的学习和参与表示认可和鼓励，得到证书后农民学员也增加了自豪感。

● 开展参与式需求与机遇评估：在开展IPM项目前需要开展参与式需求与机遇评估，筛选出那些保证能获得预期结果的重要问题开展IPM活动，确保课程设置能满足农民的需求。

● 开展农民田间学校后续行动：农民田间学校后续活动是实现可持续发展和社区发展的重要条件。通常经过农民田间学校培训，学员的凝聚力和组织化程度得到提高，有的田间学校在辅导员的帮助下会进一步组成如作物协会、植保协会、合作社等，继续开展学习和经验交流活动来解决碰到的问题，更好地应对市场变化。依托合作社等开办的农民田间学校，合作社会把农民田间学校作为培训社员、提高农产品品质的手段。也有的学校没有条件继续发展成为协会和合作社等，但是毕业生的交流分享明显增多，社区邻里关系更为融洽。

表7-1 FAO降低农药风险项目区域课程研讨会中国团队课程开发讨论

（金边，2007年12月）

关键风险行为	是否已经包括在现在的IPM培训中	如何实现	培训模式和主要内容
农药的混用和误用	是，需要加强 农田生态系统分析与决策（AESA），病虫害识别	改变态度：农药不是施用越多越好，施用越多浪费金钱越多 增加知识：病虫害识别 培养技能：AESA	田间试验：比较单一施用农药和混用农药的药效和经济效益 案例研究 经验分享 研究分析一些药效试验的结果
农药毒性分类	是，需要加强		小鸡试验 昆虫园观察
农药配制地点不当（离社区、水源太近）	否		染料试验 荧光粉试验
农药配制和施用的间隔时间太长	否	展示间隔时间太长的后果	田间试验：测试pH、观察沉淀、比较防治效果

（续）

关键风险行为	是否已经包括在现在的IPM培训中	如何实现	培训模式和主要内容
不读农药标签就喷施农药	是，需要加强	改变不读标签就施药的态度 培训如何读标签	专题：从讨论开车不读路标的结果开始（超速罚款、警戒、事故、走错路） 收集农药标签并让农民识别，介绍如何读标签（靶标对象、用量、有效成分、剂型等）
施药时没有防护措施		健康风险教育，了解接触农药对健康的影响	绘制和学习农药对人体健康影响躯体图 荧光粉试验 演示如何正确使用防护措施
喷雾器泄漏	是，需要加强	培训维护技能	喷染料练习 试用不同种类喷雾器 喷雾器维修（农民田间学校教农户如何维护喷雾器）
施药方法不当（时间不当、迎风喷施等）	是，需要加强		飘移试验 染料试验 进一步咨询药械专家
喷药后不及时清洗防护器具和喷雾器	是，需要加强	改变态度	荧光粉试验 喷染料试验
农药储存不当（通风差、儿童容易接触到农药）	否		观察风险 绘制家庭农药储藏图 培训农药与健康相关课程
农药包装废弃物丢弃不当（丢到河中、沟渠中）	是，需要加强	提高社区、公众意识	社区农药风险调查 培训农药与健康相关课程 购买农药时交押金、包装袋交回农药店
破坏社区和谐	否		绘制社区图 建设和谐社区

FAO降低农药风险项目的课程设置过程中有以下几个步骤：

- 回顾现有的IPM农民田间学校课程内容，找到没有覆盖或者是需要加强的内容。
- 设计新的培训模式和方法。
- 在培训实施过程中加以调整和完善。

表7-1概括了降低农药风险农民田间学校是如何在IPM农民田间学校的基础上

进一步增加降低农药风险的内容，从而开发出加强型IPM和PRR田间学校课程的。

在降低农药风险的农民田间学校中，主要增加和强化了以下课程：

- 社区农药风险调查。
- 农药基本知识：农药残留、标签识别等。
- 农药监管政策：禁限用农药等。
- 农药的安全合理使用：防护服、喷雾器的正确使用方法和维修、农药安全间隔期。
- 农药与健康：农药中毒的症状和体征，社区农民农药中毒的症状和体征研究，农药进入身体的途径，昆虫园中设置农药对天敌的影响试验等。

第三节 降低农药风险社区农民培训

降低农药风险（PRR）项目从2011年起在云南和广西试点进行了3天PRR社区培训+全生育期IPM农民田间学校模式。这种模式是紧紧结合农药风险构成等式*开办阶段式的农民培训。3天的PRR短期社区培训不是取代全生育期的农民田间学校，而是农民田间学校的序曲和前奏，可以更好地动员农民参加下一期全生育期的农民田间学校。这种阶段性的社区培训可以用图7-1表示。

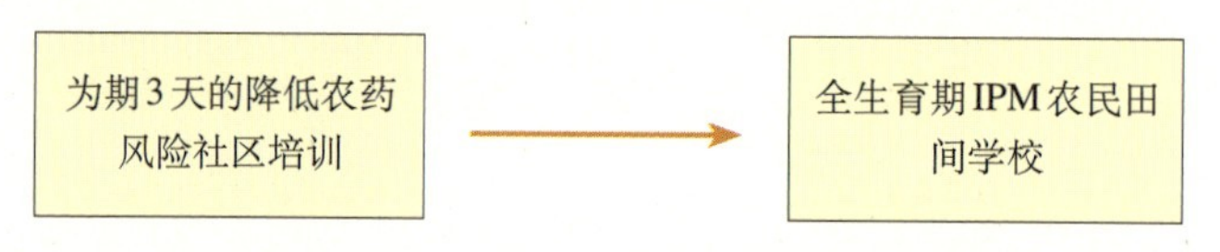

图7-1 阶段式IPM和PRR社区农民培训

这种阶段式的培训首先在开办培训的地点与社区农民代表一起开展社区农药风险调查，了解社区农药风险流向，调查农药店、农户家以及农田存在的农药处置风险。在调查结束后画出社区农药风险流向图、并把调查统计结果用简单图表表示，以向社区反馈和验证。

下一步是结合社区农药风险存在的问题开发出相应的培训课程，培训内容包括调查结果反馈、农药风险构成等式介绍、安全用药培训和社区行动计划制订等几部分内容。培训后社区会制订行动计划并采取行动来降低社区农药使用风险。采取的行动包括安全合理使用农药（如读标签、注意安全间隔期、安全存放农药

* 农药风险＝毒性×接触机会。

和合理处置农药废弃包装物、正确使用防护服等）以及参加全生育期的IPM 农民田间学校。

FAO降低农药风险项目社区农民培训的目标是：

- 使农民认识农药风险。
- 使农民掌握安全合理使用农药的方法。
- 促进社区采取行动，降低社区农药风险。
- 发动农民参加下一步农民田间学校。

表7-2为FAO降低农药风险项目社区农民培训课程表，这些培训课程可以在3天的农民培训中完成。

表7–2 中国/FAO降低农药风险项目3天的社区农民培训课程表

培训前准备：与社区协调，地点选择、学员选择（20 ~ 30名学员） 开展社区农药风险调查并分析调查数据、开发课程
培训开幕：有关培训目标内容的介绍 自我介绍、培训期望，分组 PRR知识训前测试［票箱测试法（BBT)］ 农药与健康：农药中毒的症状和体征，绘制和学习躯体图 降低农药风险调查反馈和讨论分析 降低农药风险的概念引入 BBT结果分享 导管试验 总结导管试验 讨论农药对农产品质量安全、消费者健康、环境污染等的影响 农药相关知识和政策介绍（种类、毒性、禁用限用情况等） 农药的科学合理使用方法（喷染料试验等） 防护服介绍 怎样阅读农药标签 介绍IPM和IPM农民田间学校 专题（根据农民需求，可选） 回顾风险调查结果，找出社区最关键的风险行为并制定降低农药风险的社区行动 培训后BBT 培训总结和评估

目前降低农药风险项目正在系统评估这种阶段式培训模式（即3天PRR培训+全生育期IPM农民田间学校）和非阶段性培训（IPM PRR FFS）的优缺点。目前可以看出这种短期的3天PRR培训对于社区总动员可以起到很好的效果，由于开办时间短，可以让更多社区受益，但实施过程中也遇到了挑战，如社区农民对作物生产上问题的关注远远高于对个人、家庭和社区健康和安全的关注，针对

这个挑战，项目在社区培训中增加了农民作物生产问题的专题。

第四节　参与式社区农药风险调查

在开展降低农药风险社区培训以前，需要了解社区农药在使用上存在的问题和培训需求，针对存在的问题和农民需求开发相应的培训课程。在培训前和培训后分别开展社区农药风险调查，可以比较训前和训后发生的变化，了解评估社区培训效果，找到培训的不足点，加以改进。另外，通过各利益相关方代表（社区政府、农民、销售商、医务工作者、妇联等）参与社区农药风险的调查过程，可以激发社区各方采取积极行动，改变现状。

社区农药风险调查的主要内容包括调查农田、农药店、农户家的农药使用、存放、废弃物处理等各个处置环节存在的风险以及农户的农药中毒史等，绘制社区农药风险流向图以了解社区是如何直接和间接地接触到农药的。

一、参与式社区农药风险调查

1. 到社区开展农药风险调查

农药从厂家卖出到农药店中，又由农民买到农田中使用，部分买到的农药会储藏在农户家中。要调查社区农药使用、存放、废弃物处理等各个环节存在的风险行为，要在农田、农户家和农药店这3个重要的农药处置场所开展调查（表7-3）。

表7-3　参与式社区农药风险调查地点和内容

调查场所	农　田 （观察和田间访谈）	农药店 （观察和访谈）	农户家 （观察和访谈）
调查内容	观察农民的施药过程（配药、施药、农药废弃物处理，是否抽烟、喝水、穿防护服等）； 农药废弃包装物的处理情况； 农药鉴定，观察和记录田间农药废弃包装物，了解农药的有效成分、毒性、标签是否合格等； 访谈了解农民的农药中毒史； 询问农民全年的作物种植模式，每季作物使用的农药种类和农药使用量； 水生生物的情况	观察农药储藏风险； 销售人员防护用品使用情况； 销售人员参加培训情况； 抽查农药店农药并进行农药鉴定	家庭农药和药械储藏是否安全； 询问农药中毒史； 询问施药习惯，如防护服的使用、施药过程中的行为等； 家庭储藏农药鉴定； 询问农药用量； 使用的药械； 家里主要是谁打药

每个小组可以将询问和观察的内容记录在调查表上（附录一）。

2. 绘制社区农药风险流向图

社区的人、畜等可能通过农药使用、储存等环节直接接触农药，也有可能通过接触被农药污染的水体等而间接接触农药。通过绘制农药风险流向图，可以了解农药通过哪些环节在社区内和社区外流动，从而危害到人、畜和环境的健康。

调查方法：在调查农田、农药店和农户家的同时开展社区农药风险流向调查，特别注意观察社区其他人接触农药的机会。观察的内容可以包括：

- 农田中其他人是否会受到农药使用的影响。
- 施药的农田离农户家的距离，农田附近是否有学校、医院等。
- 受流动水体影响的农业和非农业人口有哪些。
- 对敏感人群如妇女和儿童的影响（妇女是否在清洗过喷雾器的河中洗衣服，小孩是否在清洗过喷雾器的池塘中游泳）。
- 牲畜是否在洗过喷雾器的河中饮水。
- 农民在哪里配药，残余药液倒在哪里，在哪里清洗喷雾器，农药是否溅到地上。
- 农民喷完药后是否在河里洗澡和洗衣服。
- 观察水源地如水井、沟渠、河流、湖泊、水库等距离农田施药地点的距离。

二、调查结果数据分析

1. 社区农药风险调查数据分析

在搜集到调查数据后，各个调查小组就可以对数据进行分析。分析的内容包括农药店、农户家和农田的农药鉴定、农户农药储存和废弃物处理、农户农药中毒史、施药时的行为和安全防护措施等。

图7-2至图7-6是一些分析的样例。

农户农药储存和废弃物处理调查分析

安全 / 不安全	农药储存	农药废弃物处理
对饮水		
对食物		
对家畜		
对小孩		

图7—2　中国／FAO降低农药风险项目辅导员培训班农药风险调查结果分析：农户农药废弃物处理情况统计（样本数量为10，云南蒙自，2009年3月）

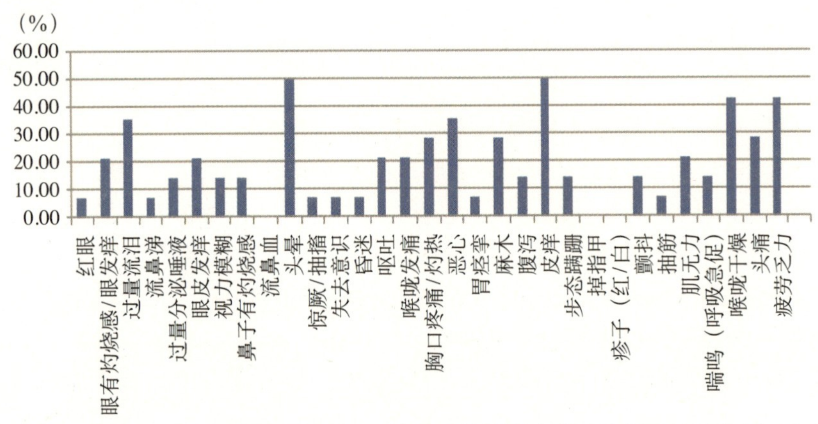

图7-3　中国／FAO降低农药风险项目辅导员培训班农药风险调查结果分析：农药中毒的症状和体征统计（样本数量为16，广西上林，2011年3月）

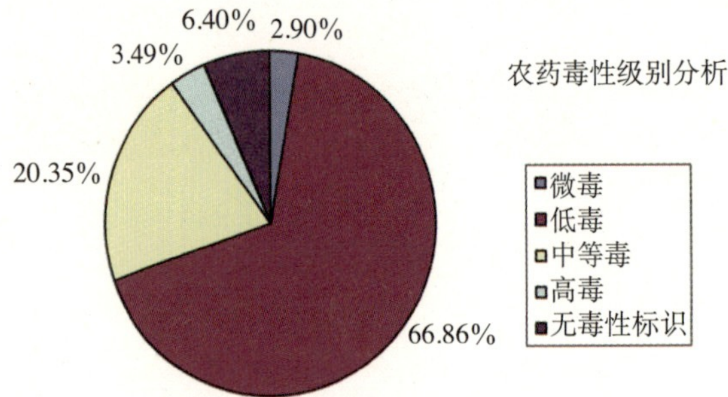

图7-4　中国／FAO降低农药风险项目辅导员培训班农药风险调查结果分析：农药毒性分析（样本数量为36，广西上林，2011年3月）

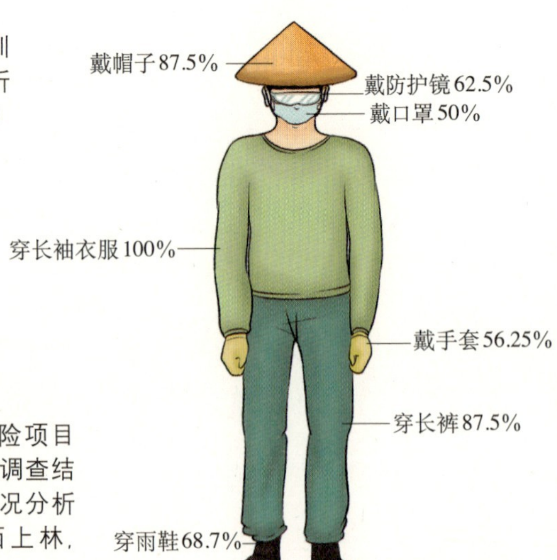

图7-5　中国/FAO降低农药风险项目辅导员培训班农药风险调查结果分析：喷药时防护情况分析（样本数量为16，广西上林，2011年3月）

图7-6 中国/FAO降低农药风险项目辅导员培训班农药风险调查结果分析：施药时接触农药机会（样本数量为16，广西上林，2011年3月）

2. 社区农药风险流向分析

各小组调查结束后将社区农药风险流向图绘制在大白纸上并做小组汇报，汇报分析的内容包括：

- 社区哪些地方有农药存在，哪些人会受到农药的影响。
- 农药是如何在农田、农药店和农户家流通的。
- 农药是如何污染水源的，又是如何通过水体的流动而使社区农业和非农业人口直接或间接接触到的。
- 降低农药风险是否应该整个社区都采取行动，应该采取哪些行动。

三、社区反馈

在对社区农药风险进行了解和分析后，这些调查数据可以用图示的方式向社区反馈。反馈对象包括社区农民、医务工作者、乡村基层干部和农药经销商等。通过社区反馈，可以验证分析结果，一起分析得出这些数据的原因等。通过社区反馈，也可以提高社区农药风险意识，激发社区的各个相关方采取行动来改变现状，共同降低农药风险。

四、课程开发

在对社区的风险进行了深入了解后，可以根据发现的问题找到社区存在的关键风险行为，通过设计相应的培训活动来解决存在的问题。

第五节　降低农药风险培训课程开发

一、课程开发基础

降低农药风险课程设置紧紧围绕降低农药风险的等式展开，即

农药风险=毒性×接触机会

从农药风险的等式可以看出，为了降低农药风险，可以从降低毒性和减少接触机会两个方面入手。因此，培训课程的设计也从如何降低使用农药的毒性和减少农药接触机会入手（图7-7）。

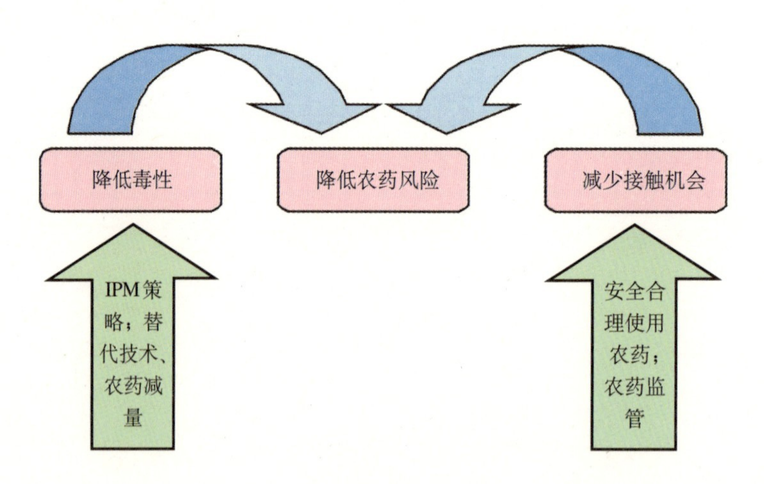

图7—7　降低农药风险项目课程开发基础

从以上等式的分析可以看出，要降低农药风险，首先是要降低使用农药的毒性，IPM或绿色防控技术的使用对降低农药毒性有着至关重要的作用。首先是要使用农业防治、物理防治和生物防治等替代措施来防治有害生物，在确实需要采用化学防治措施的时候，选用低毒低残留的农药。从减少农药的接触机会来看，安全合理使用农药如使用防护服等措施是减少农药接触的有效措施。除安全合理使用农药以外，农药监管政策的出台和执行也可以有效减少剧毒和高毒农药的生产及在市场上的流通和使用。

二、课程开发步骤

步骤一：参与式社区农药风险调查

在开展降低农药风险社区培训以前，需要了解社区农药使用上存在的问题和风险，找到培训需求，从而开发出基于问题和需求的培训课程。社区农药风险调查的主要内容包括调查社区内农田、农药店、农户家的农药在使用、存放、废弃物处理等各个处置环节存在的风险，了解社区农药风险流向以及农户和销售人员的农药中毒史等。

步骤二：评估并找出最重要的社区农药风险行为

通过调查，可以找到社区在农药使用、存放、废弃物处置等方面存在的风险行为。由于调查到的风险行为可能是多方面的，一季社区培训不一定能针对所有存在的问题开展，所以需要找出最重要的、可以通过一季培训解决的问题，其他问题可以通过后续的培训有针对性地解决。

步骤三：针对重要的风险行为设计课程

在找出了最重要的风险行为后，就可以针对这些风险行为开发相应的培训课程。这些培训课程的形式可以是多种多样的，可以是专题，可以是作为警示启发性练习，还可以是试验等（表7-4）。

表7-4　2007年12月FAO低价格农药风险项目区域课程研讨会中国小组课程设置讨论

关键风险行为	开发的培训课程
农药的混配/错误选择农药种类	1.昆虫园 靶标害虫：蚜虫 设置四个处理： 处理一：杀菌剂+杀虫剂+植物生长调节剂 处理二：杀菌剂 处理三：杀虫剂 处理四：植物生长调节剂 2. 金鱼试验 比较单一配制和混配的药效 靶标害虫：蚜虫 设置四个处理： 处理一：杀菌剂+杀虫剂+植物生长调节剂 处理二：杀菌剂 处理三：杀虫剂 处理四：植物生长调节剂 3. 田间试验 调查比较混配和单一配制的药效
不读标签就使用农药	1. 画标签图 了解阅读标签存在的问题 2. 选择标签 从标签中选择正确的农药来防治蚜虫 3. 按标签上的浓度正确配制农药练习
使用农药没有防护措施	1.荧光粉试验 了解使用防护措施的重要性 三个处理： 处理一：不戴手套 处理二：戴非防护性的手套 处理三：戴防护性手套 用荧光粉试验跟踪有防护措施和无防护措施的结果，根据试验结果引导学员画出农药对人体健康影响的图，了解农药对人体健康的危害 2. 团队活动 裁判首先讨论评分系统 学员比赛 评分 展示正确的方法

步骤四：实施培训课程并在需要时加以调整

在培训课程的实施过程中，可以对开发的课程进行调整。在培训过程中会有作物病虫害等新问题产生，农民在培训过程中也会有新的需求产生。

三、课程开发原则

IPM与PRR的关系为：

不使用农药（农药的使用降为0）是最好的降低农药风险的方法，PRR课程是在IPM课程的基础上增加的。

IPM 课程开发原则：

- 培训课程是全生长季的，基于当地种植模式、不同作物的种植历以及参与式需求和评估调查所发现的培训需求。
- 课程设置基于成人学习理论，特别是最大程度地利用经验交流和探索式的学习方法。
- 运用经验式学习循环到各种培训活动中。
- 培训基于大田而不是教室。
- 充分利用小组学习方法来实现最大程度的信息和经验交流。
- 辅导员辅导学习过程而不是搞课堂讲座。
- 培训的目的是提高学员对农田生态系统的认识，以便学员在了解情况的基础上做决策。
- 课程设置应有逻辑性。
- 课程设置应有一定的灵活性，应根据当地的实际情况和问题来调整。

降低农药风险课程开发的指导原则：没有农药的绝对安全施用！所有关于农药的培训只能是建立降低农药使用风险的能力。

降低农药风险课程开发的原则：

- 了解农药风险构成的等式（风险＝毒性 × 接触机会），降低和管理农药风险。
- 课程注重降低整个作物生产中农药的毒性和接触机会。
- 评估不同地方和不同情况下的农药使用毒性。
- 提高社区对农药风险的认识，动员社区采取社区行动来降低农药风险。
- 在社区内调查以下方面的内容：农药流动，农户家农药储存情况、混用情况、使用和废弃物处理情况，农药店农药调查，农药和健康调查。所有以上的调查都是为了了解当地有关农药风险的关键行为，在辅导员培训和农民田间学校中通过结构式练习来改变风险行为。

第八章 社区农民培训活动案例

第一节　农药对人类健康的风险培训活动案例

一、农药的中毒症状

背景

农药对使用者、消费者的健康和环境都会产生影响。使用者大量接触或误服农药，会出现头晕、头痛、全身乏力、多汗、恶心、呕吐、腹痛、腹泻、胸闷、呼吸困难等中毒症状。帮助农民全面了解农药的中毒症状可以进一步帮助农民保护身体健康，采用IPM的方法来种植健康作物。

目的

- 加深对农药中毒症状和体征的了解。
- 讨论减轻农药对人体健康影响的方法和措施。

时限

2小时。

材料

大白纸、记号笔、不干胶和小卡片每个组40张。

活动步骤

A.画躯体图。

A.1 将学员分为若干小组，每个小组发两张大白纸，粘在一起成为一大张大白纸，每个小组挑一位学员躺在大白纸上。

A.2 其他学员根据该学员在大白纸上的轮廓画出躯体图。

A.3 小组讨论农药中毒的症状，并将每一症状和体征写在卡片上，贴在躯体图相应的位置（也可直接将症状和体征标注在躯体图上）。

A.4 各组分别展示和汇报小组讨论结果。

A.5 辅导员挑选一个小组的躯体图，根据研究结果和各个小组的结果补充和完善、总结农药中毒的症状和体征。

B.农药中毒的症状和体征游戏。为了加深学员对农药中毒症状的认识及活跃气氛，辅导员可以挑选一些农药中毒的症状描述写在小卡片上，分别请各个小组的代表根据小卡片上的提示表演，由全体学员猜测判断演示的是哪一种中毒症状。

C.讨论和总结。辅导员可以提出以下问题进行讨论：

C.1 农药进入身体的途径有哪些。

C.2 如何能降低农药对人体健康的影响。

C.3 有的症状如步履蹒跚等除了由农药中毒引起，还可能由什么原因引起。

二、农药污染的发生及避免农药接触

背景

农药会通过皮肤、眼睛、消化道吞服或者呼吸道呼吸进入人体。农药对皮肤的损害取决于农药的种类，一般表现为皮疹、皮肤刺激、其他皮肤损害和全身中毒。眼睛受农药残留影响会出现刺激、灼烧、失明或者全身中毒等症状。田间作业后立即更换、清洗工作服，可减少衣服上的农药残留，避免皮肤接触农药。此外，田间作业后立即洗澡也是非常重要的，可以消除皮肤上的农药残留。

目的

通过讨论、提问以及回答问题、综述总结的方式介绍农药进入人体的途径以及如何采取措施避免农药接触。

材料

图片。

时限

1小时。

活动步骤

A.每天穿干净的工作服。

A.1 引导农民讨论每天必须穿干净工作服的原因。

A.2 讨论农民不能每天更换工作服的原因（如没有足够更换的工作服等）。

A.3 解决问题的办法，如何使农民可以每天更换干净的工作服（如购买便宜的工作服等）。

B. 田间的农药怎样进入人体。采用提问以及回答问题的方式加深农民对农药进入人体途径的认识。

问　题	答　案
农药进入人体的四种途径是什么？	农药可以通过眼睛、皮肤、消化道吞服以及呼吸道呼吸进入人体
什么是“致敏作用”？	“致敏作用”是指由于多次接触某种物质引起的过敏反应
为什么要每天更换工作服？	每天更换工作服可以避免农药残留在衣服上的蓄积，从而减少由此引发的皮肤对农药的接触
为什么吃从作业田间摘取的水果和蔬菜前要先进行检查？	可能近期刚对田间的这些作物施用过农药，而超标的农药残留不能用水冲洗干净，未经检查，食用不安全

C. 经口、皮肤接触农药（通过图片和图表的形式使农民理解意外吞服以及经皮肤导致的农药接触）。

C.1 直接食用田间的食物。

- 向农民展示图8-1，讨论图中的人物哪里做错了以及直接食用田间摘取的水果和蔬菜产生的健康风险；问农民是否直接摘取田间的水果和蔬菜食用或者带回家给家人吃。
- 介绍农药安全间隔期。
- 活动最后，确定农民是否理解，在不知道田间作物是否喷洒过农药的情况下，直接摘取食用田间水果和蔬菜的健康风险。

图8-1　直接食用田间的果实

C.2 不同部位皮肤吸收农药的差异性。向农民展示图8-2，分析人体不同部位的皮肤对农药的不同吸收率。有些部位的皮肤，如手掌对农药的吸收力不强。然而，腋下以及阴囊部位皮肤的吸收力很强。让农民讨论图8-2所示的人体的12个对农药的吸收率差异。

- 鼓励农民讨论如何避免接触农药。

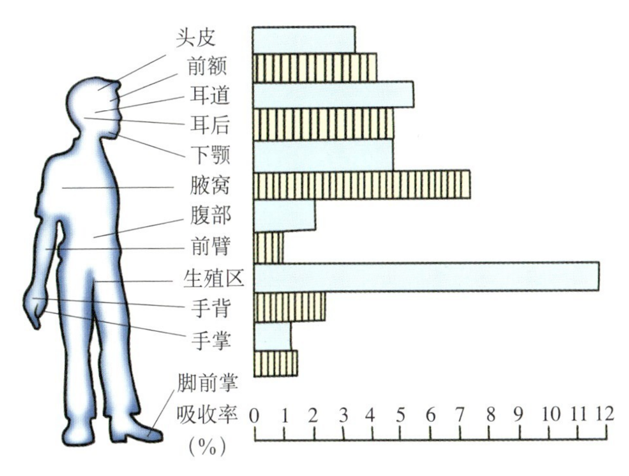

图8-2 人体不同部位对农药的吸收率

三、农药在人体内的积累

背景

农药施用后，一部分附着于植物体上或渗入植株体内残留下来，使粮食、蔬菜、水果等受到污染；另一部分散落在土壤上或直接进入土壤中、散逸到空气中，或随雨水及农田排水流入河流、湖泊，污染水体和水生生物。农药残留通过大气、水体、土壤、食品，最终进入人体，引起各种慢性或急性病害。

目的

通过演示，让学员直观地看到喷施农药不仅杀死害虫，同时也危害人体健康。

材料

透明杯子或塑料瓶、红墨水、吸管。

时限

15 ~ 20分钟。

活动步骤

A. 在透明杯子或塑料瓶中放入清水一半左右。
B. 用吸管蘸取红墨水放入清水中，反复多次。
C. 观察清水的变化情况。
D. 一起得出结论。

第二节　农药对农业生产的风险培训活动案例

一、杂草抗药性

背景

随着化学除草面积的不断扩大，化学除草剂用量逐年增加，全世界除草剂的总使用量、防治面积及费用已超过杀虫剂和杀菌剂的总和。大量除草剂的高频率重复使用，导致杂草对除草剂产生了抗药性。抗药性杂草种群的快速蔓延，给化学除草带来了新的难题。

目的

- 提高对杂草知识的认识。
- 学会有效控制杂草的危害。

材料

大白纸、记号笔。

时限

2小时。

活动步骤

A. 让参与者按小组在大白纸上列举出他们知道的一些杂草的名称并讨论哪些杂草容易防治，哪些杂草不容易防治，为什么?

B. 引入杂草抗药性的话题，让参与者回忆过去几年在农业生产中遇到哪些杂草对哪些农药有抗药性，他们采取了哪些措施处理，效果怎么样。

C. 各组在大白纸上讨论杂草产生抗药性的原因和治理措施。

D. 各组汇报讨论结果。

E. 辅导员做补充。

二、害虫抗药性

背景

由于害虫抗药性的产生，使很多农民厌倦了单一、频繁使用现有杀虫剂来防治害虫的方法，而是期待新的杀虫剂的出现。然而过不了多少时间，新农药又起不到理想的防治效果了，使农民对某些害虫的防治感到束手无策，找不到相应的解决方法。

目的

- 提高对害虫知识的认识。
- 学会有效控制害虫的危害。
- 了解农药交替使用的重要性。

材料

大白纸、记号笔。

时限

2小时。

活动步骤

A. 让参与者按小组在大白纸上列举出他们知道的一些害虫的名称并讨论哪些害虫容易防治，哪些害虫不容易防治，为什么？

B. 引入害虫抗药性的话题，让参与者回忆过去几年在农业生产中遇到哪些害虫对哪些农药有抗药性，他们采取了哪些措施处理，效果怎么样。

C. 各组在大白纸上讨论害虫产生抗药性的原因和治理措施。

D. 各组汇报讨论结果。

E. 辅导员做补充。

三、病原菌抗药性

背景

病原菌群体在接触药剂之前，就可能存在极少数的潜在抗药性基因。长期使用同种或作用机理相同的杀菌剂，会使敏感的病原菌被淘汰，而抗药性病原菌则能生存、侵染和危害寄主植物，还能进一步生长、繁殖。由于药效下降，农民往往又增加使用药剂剂量和使用频率，进一步增加了选择压力，加速抗药性病原菌群体的形成，由量变至质变，最终导致药剂防治彻底失败。

目的

- 提高参与者对病害知识的理解。
- 有效提高防治能力。
- 了解农药交替使用的重要性。

材料

大白纸、记号笔。

时限

2小时。

活动步骤

A. 以小组为单位，让参与者在大白纸上分别列出他们知道的农作物病害名称。

B. 各组到附近的田块寻找有病害症状的不同部位、不同类别的样本。

C. 把采集到的样本带到农民田间学校并全体逐一讨论。

D. 提问：哪些病害是地上部分的病害，有哪些特征。哪些是地下部分的病害，哪些病害容易防治，哪些很难防治，为什么？

E. 引入病害抗药性的话题，让参与者回忆过去几年在病害防治中，哪些病害对哪些农药抗药性较强，哪些病害未发现或极少有抗药性。

F. 各组在大白纸上讨论病原菌的抗药性是怎样产生的，应采取哪些治理措施。

G. 各组汇报讨论结果。

H. 辅导员做补充。

四、药害的补救措施

背景

使用农药防治病虫害通常是很安全的，但是由于某些原因，药害在各地每年都有发生，不同程度的影响了农作物的产量、品质。农药生产者、经营者和使用者都不愿看到药害的发生。作物产生药害之后，要根据农药种类和作物受害程度，采取综合性的补救措施，才能更有效的减少危害。

目的

- 提高参与者安全使用农药的能力，尽量避免药害的发生。
- 让参与者认识到作物受药害后往往不可逆转，补救办法都很被动。

材料

大白纸、记号笔。

时限

1小时。

活动步骤

A. 辅导员依次提出如下问题，让参与者回忆，然后回答。

A.1 这几年这里有没有发生过药害。

A.2 你们看到的药害哪次最严重，是怎样引起的，发生药害了有没有采取补救措施。

B. 引入问题：农作物发生药害，可以采取哪些补救措施。

B.1 参与者各小组分别讨论，把讨论结果列在大白纸上。

B.2 各小组汇报讨论结果。

C. 辅导员补充相关知识。

本节对应的基础知识为第一章第三节抗药性对农业生产的风险。

第三节　农药对环境的风险培训活动案例

一、农药的循环

背景

大家都知道农药是有毒物品，然而许多人并不知道它在自然界中的循环过程，从而也就忽视了农药循环对生态环境的影响。

目的

- 提高对农药循环知识的认识。
- 有效提高农药合理使用、保护生态环境的能力。

材料

大白纸、记号笔。

时限

1小时。

活动步骤

A. 参与者按小组展开讨论，让他们充分发挥想象力，在大白纸上勾画出农药在自然界中的循环模式。

B. 各组汇报讨论结果。

B.1 农药进入环境，一部分被作物吸收，一部分被蒸发到空气中，蒸发到空气中的农药一部分被紫外线分解，一部分由雨水重新带回环境里。

B.2 部分农药经过雨水和灌溉水渗透到作物根部。

B.3 部分农药被地表径流带入湖泊和河流中，其中的一部分被氧化分解，一部分残留在土壤里，还有一部分渗入地下水中。

C. 最后，参与者和辅导员可以共同列举一些日常生活中的实例。比如农药给食物带来哪些风险，农药对生态环境的危害表现在哪些方面。

二、导管试验

背景

人们经常给农作物施肥和施用农药，这些物质是如何进入植物，然后又在植物体内运转的呢？化合物一旦溶于水，就可能随水一起被植物吸收，并能通过植物的导管进行运输。

农药的施用会影响施用者健康，农药会残留在植株内，残留会影响消费者身体健康，污染环境，对销售量和价格产生影响。

目的

- 了解植物如何吸收水分等营养物质的。
- 模拟农药的吸收和残留。

材料

广口瓶、红色染料、水、5种田间采集的植物。

时限

2小时。

步骤

A. 采集5种不同类型的植物。

B. 在广口瓶中加入一定量的水，然后加入红色墨水，搅匀。

C. 把植物放入杯中，贴上标签（组名、采集时间）。

D. 30分钟后观察结果，4小时和10小时后再观察1次，观察植株对红墨水的吸收、叶子的变化以及不同植物的吸收差异。

E. 讨论后分组报告。

F. 总结。

- 叶子的颜色发生了什么变化，红色染料是如何进入植物体内的。
- 如果我们把红墨水看成是农药，可以给我们什么启示。农药残留表面上不一定看得出来，但是由于留在植物体内，会影响消费者健康、污染环境。
- 我们应该采取哪些措施减少农药残留。

三、利用环境影响指数评估农药使用的负面影响

背景

环境影响指数（EIQ）模型是农药风险评估模型中的一种。最早由美国康奈尔大学专家提出，通过建立数学模型，分别计算出各种农药的EIQ，用以判断农药对环境的影响和选择环境友好型农药。EIQ值是农药使用者、消费者和环境3项分值的平均值。单位面积环境影响值也即田间值（EI）可以评估农药对环境的影响。在农民田间学校中运用EIQ模型计算不同田块单位面积使用农药的EI值[EI=EIQ×有效成分含量（%）×用药量（千克）/面积（公顷）]，可以判断不同

田块中农药对消费者、农药使用者和环境的影响，为选择低毒低残留的农药提供依据。

目的

了解和比较IPM、农民实践田（FP）和不喷施农药田（NS）田块中不同农药使用对消费者、使用者和环境的影响。

材料

大白纸、记号笔、各种农药的EIQ值表。

时限

2小时。

活动步骤

A. 辅导员介绍EIQ的概念。

B. 列出IPM区单位面积影响值（表8-1）。

表8–1　IPM区单位面积影响值

日期	药剂品种	用药量（千克）	有效成分含量（%）	面积（亩）	EI		EI（使用者）		EI（消费者）		EI（生态）	
					常值	EI	常值	EI（使用者）	常值	EI（消费者）	常值	EI（生态）
合计												

C. 分别计算出IPM区和FP区的EI值差异（表8-2）。

D. EI（田间值）=［EI（使用者）+EI（消费者）+EI（生态）］/3。

表8-2 IPM区和FP区的EI值差异列表

	IPM区	FP区	FP区－IPM区
EI（田间值）			
EI（使用者）			
EI（消费者）			
EI（生态）			

E. 各小组汇报计算结果。

F. 讨论。

- 如何能降低农药对消费者、使用者和环境的风险。
- 我们是否应该采用IPM的方法来种植作物。

本节对应的基础知识为第一章第五节农药对环境的风险和第四章农药风险评价。

第四节 降低农药使用风险途径培训活动案例

一、读农药标签

背景

农药是农民防治病虫害的重要物资之一，改革开放以来，随着农业农村经济的发展，农药品种和产量增多，使用量逐年增加，对农产品质量安全和环境安全造成了巨大压力，而农民不能正确识别农药标签是造成农民滥用、误用农药，导致过度施药、污染农产品和环境的重要原因之一。应让农民正确识别农药标签，明确使用对象、防治方法及安全用药等信息，减少经销商对购买行为的影响，主动从标签获取关键信息，确保防治病虫害的同时保障自身用药和环境安全。

目标

- 了解农药标签基本知识。
- 根据农药标签正确选购农药。
- 具有一定鉴别假劣农药的能力。

时限

1小时。

活动步骤

A. 农药标签设计。

A.1 将学员分为若干个小组，每组分别发给杀菌剂、杀虫剂、除草剂。
A.2 每个小组学员认真研究农药标签构成及规范。
A.3 每个小组根据规范设计一个农药标签于大白纸上。
A.4 每组派一名学员汇报（讲解）本组设计的农药标签。
B. 假劣农药识别。
B.1 给每组学员各分发一个假劣农药。
B.2 各组就拿到的农药查找其不符合规范之处。
B.3 讨论后将找到的不符合规范的地方列在大白纸上。
B.4 每组派一名学员汇报本组发现该农药标签的问题。
C. 讨论。
- 你是怎样选购农药的?
- 选购农药时你是否观察标签，还是根据厂家知名度或其他原因选购。
- 使用农药时你是否根据标签配制及喷施。
- 使用农药时你是否观看有关个人防护方面的信息。
- 除了你之外，家中其他去购买农药的人是否读标签。

二、农药施用方法

背景

农药的施用效果不仅取决于施药时间、药剂的分散度，也取决于适当的施药方法。一种好的农药如果使用方法不当，并不能取得良好的效果。粗放的喷洒方法，只有10%～20%的农药可能喷到作物上。

目的

- 认识几种目前常用的农药施用方法。
- 学习提高药效的施用方法。

材料

大白纸、记号笔。

时限

1.5小时。

活动步骤

A. 辅导员可以带参与者一起回忆目前使用的农药按物理状态分为哪些类型（液态、固态、气态、气溶胶）。
B. 辅导员带参与者一起回忆通常的施药部位（植物的根、茎秆、叶、种子以及土壤和仓库）。

C. 提示参与者按小组展开讨论，在大白纸上画出农药的各种施用方法及其效果（如喷雾、颗粒撒施、喷粉、拌种、土壤处理、浸种、泼浇、灌根、熏蒸、烟雾等）。

D. 分别汇报讨论结果。

三、施药时间

背景

不同药剂、不同防治对象的施药时间不同，农药的施药时间应根据不同的防治对象、作物的生育期、危害程度、施药方法、药剂的性能、气象条件等多方面因素共同确定。许多农民在施药时大多不考虑诸多因子，随意性很强，所以效果不理想，又找不到原因。

目的

- 掌握不同药剂的最佳施药时间。
- 学习减少药害的施药时间。
- 学习提高药效的施药时间。

材料

大白纸、记号笔。

时限

1小时。

活动步骤

A. 辅导员提问，让参与者各自回答：杀虫剂、杀菌剂、除草剂的施药时间最好在什么时候，为什么？

参与者会有各种各样的答复，比如在早晨、在傍晚、在作物发病初期、在害虫幼虫时期、在成虫时期等。

B. 按以上答复内容，参与者各组在大白纸上讨论。

C. 分别汇报讨论结果。

D. 辅导员做补充。

杀虫剂：应根据不同的防治对象、种群密度消长情况和危害特性及作物生育期、药剂性能来确定。

杀菌剂：一般以预防为主，施药一般在发病初期。要考虑作物的发病程度、作物的感病期、常年病害的发生时期及气候条件。

除草剂：旱地作物可以在播前1 ～ 2周施、苗前处理、苗后1.5 ～ 2叶处理或苗后处理。水田可以在育秧田、直播田播前处理、苗期喷雾，也可以中期处理，移栽大田期处理等。主要取决于施药的方法、杂草的生育期和药剂的性能。

四、喷雾试验

目的

了解喷雾质量与防治效果的关系。

材料

手动喷雾器1台、损坏的喷头1个（喷出的雾滴不均匀，喷出的液体呈小液滴状）、正常喷头1个、天平1个、10厘米×10厘米 的塑料片10张（厚度约0.5毫米）。

活动步骤

A. 将学员分成5组，每组发两张塑料片。

B. 每组学员将两张塑料片编号，用天平分别称量质量，直立在墙角或其他可依靠的物体上，两张塑料片相距2米 以上。

C. 将喷雾器水箱装1/3的水量。

D. 每组分别安装损坏的喷头和正常喷头，给两张塑料片喷水。

E. 两张塑料片静置10分钟，观察两张塑料片上水的粘附情况。

F. 10分钟后称量塑料片质量，用称量前后质量之差计算出粘附水量。

G. 讨论。

两张塑料片中哪一张液体粘附情况最佳。假设塑料片是叶片，使用农药时哪种喷头防治效果好。

五、田间打药作业期间吃东西、喝水以及上厕所的安全

背景

田间作业期间，农民需要喝大量的水来预防因水分缺失而导致的中暑等疾病。要注意不得饮用灌溉用水，因为农民在配对农药、化肥过程中，会对沟渠中的灌溉用水造成污染。若饮用了灌溉用水或者在吃饭、喝水、抽烟、上厕所前用灌溉用水洗手，就会导致农药进入人体。农药进入人体后，短期内可能不会引起明显的不良反应，但是长期下来，农药残留在体内不断蓄积，会对人体各个器官、组织造成损害，甚至诱发癌症，导致不孕不育、后代先天畸形等。

目的

通过游戏、角色扮演等方式让农民意识到田间作业期间饮用干净的水源以及在吃东西、喝水、抽烟、上厕所前用干净的水洗手的重要性。

材料

图片、大白纸、记号笔、奖品。

时限

1小时。

活动步骤

A. 强调打药作业期间洗手的重要性。

A.1 将参加培训的农民分成两个小组。

A.2 鼓励农民在大白纸上尽可能列出田间作业后不洗手会导致农药残留暴露的情景，每个组有5分钟时间。

A.3 每列出1项农药残留暴露情景可得1分；若农民可以准确指出每项暴露情景下农药进入人体的途径（如经口进入等）又可获得1分。

A.4 对比两个小组列出的农药残留暴露情景。

A.5 如果某一组不能指出其所列出的暴露情景下农药进入人体的途径，而另一组可以准确指出对方小组列出的暴露情境下农药进入人体的途径，则可获得额外的1分。

A.6 得分最多的小组获胜，可以获得奖品。

B. 采用讨论的形式提高农民对农药暴露长期影响健康的认识。

B.1 问农民过度接触农药可能对健康造成的长期影响。

B.2 让农民描述平时打农药时是如何保护自己的。

B.3 给农民播放、展示长期暴露农药会导致的健康影响的图片。

B.4 观看完图片后问农民是否打算在喷洒农药时做出一些改变。

B.5 提醒农民田间作业期间严格遵照培训过程中所提到的防护措施。确保农民理解吃东西、喝水、抽烟、上厕所前洗手以及喷洒农药后尽快更换衣服以及洗澡的重要性。

C. 强调避免经口接触农药残留。

C.1 向农民展示图8-3和图8-4。

C.2 鼓励农民讨论图中所示的农民在田间吃东西以及饮用灌溉用水存在的问题和风险。

D. 采用角色扮演的方式强调饮用灌溉用水的危险。

D.1 设定角色扮演的场景：很多农民正在田间作业，一名农民感到口渴，于

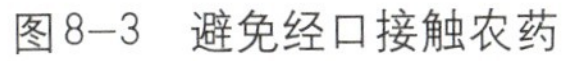
图8-3 避免经口接触农药

图8-4 避免经手接触农药

是停止作业，打算喝水。其他农民以为这位农民想偷懒，对此感到不满。他们觉得这位农民应该在休息期间才能去喝水或者应该在附近的灌溉沟渠中随意喝点。这时，老板过来了，他告诉农民们应该多喝水，这样才能预防中暑；但不能喝灌溉用水，而要喝干净的饮用水，这样才可以预防摄入灌溉用水中的残留农药。

D.2 完成角色扮演之后，辅导员可以问一些问题，检测农民是否真正理解田间作业期间喝灌溉用水的危险性以及喝干净的饮用水的重要性。

六、农药的限制进入间隔期

背景

农药的限制进入间隔期（restricted-entry interval，REI）为在使用农药后限制再进入这个区域的时间。这段时间内农药残余物可以分解到对健康没有危险的水平。如果工人和其他人员有可能到施用了农药的区域且这些区域尚在限制进入期内，农药施用人员（喷洒人员）有责任在施过农药的地块竖立警示牌，在一定时间内，禁止进入田间进行农事操作、放牧、割草和挖野菜等活动。

目的

让参与者了解限制进入间隔期和在田块设立警示牌的重要性。

材料

一张复印好的图片（图8-5）。

时限

10分钟。

活动步骤

A. 向参与者展示图8-5，并说明图片上的一个农民即将进入一片栽种苹果的果园打药。

B. 通过以下问题展开集体讨论。

图8-5 在施过农药的田块设立警示牌

问 题	答 案
在果园里竖立警示牌为什么很重要？	因为果园刚打过药，进入果园还不安全
你遇到过打过药的地块没有竖立警示牌的情况吗？发生了什么？	参与者会描述遇到过的情况，可能发生人畜中毒，农产品被采收可能发生食品安全事件等
如果没有在施药地块竖立警示牌，应该怎么做？	应竖立警示牌，至少口头告知周围可能进入施药地块的人，地块刚打过药

七、施药完毕后清洗施药衣物

背景

施药结束后，要立即洗澡和更换干净的衣服，并将施药时穿戴的衣裤鞋帽及时洗干净，这样才能避免衣物和身体接触到的残留农药对自身、家人健康的损害。施药衣物应该和其他衣物分开摆放、分开洗涤。洗涤前应该单独浸泡，洗涤时应该使用热水和强力洗衣粉。洗完后悬挂在阳光下晾干，因为在阳光下可以减少衣物上的农药残留。施药后应尽快洗澡，农药在皮肤上停留得越久，身体吸收的风险就越大。在洗澡时要特别注意清洗指甲缝和头发，以免农药残留。

目的

让参与者了解施药后如何正确清洗衣物和洗澡。

A. 施药后清洗衣物。

时限

20分钟。

材料

图片，图8-6。

活动步骤

A.1 通过投影仪或将图8-6复印在纸上向参与者展示，并问参与者图片上的人在做什么。请参与者描述施药后衣物应该如何摆放和清洗。

A.2 请参与者分享他们施药后衣物是如何处置的。

图8-6 施药后及时清洗衣物

B. 施药后洗澡。

时限

40分钟。

材料

图片，图8-7。

活动步骤

B.1 请一位参与者演示施药回家后如何处置施药衣物和洗澡，参与者在做每一步骤的时候向其他参与者解释为什么这样做。例如当演示回家后到洗衣房或浴室脱去施药衣物的时候，表演者可以解释说马上脱去施药衣物的目的是在和家人接触前就把衣物脱掉。当表演洗澡的动作时，表演者可以解释洗澡时要特别注意清洗头发和指甲缝。

图8-7 施药后及时洗澡

B.2 其他参与者观察表演者的表演并认真听每一步的解释。鼓励参与者提问，如果表演者遗忘了步骤或做错了步骤可以提出改正建议和补充。如果参与者中有人提出处置施药衣物的更好的建议，可以请参与者展示。

B.3 活动可以在其他的场景中继续。例如，在一个场景中施完药后不是直接回家而是到一个朋友家去，观察这一场景的参与者可以指出施药后不换衣服和不洗澡的问题。又如，在另一个场景中，施药者回家后洗澡和换衣服，但是家里没有洗衣机，在这个场景中，其他参与者可以讨论如何清洗施药穿的衣物（例如在室外用水管洗、在单独的盆或桶里浸泡）。

八、家庭农药安全储存

背景

正确储存农药可以减少与农药的接触机会，从而降低农药风险。农药不能存放在装食品的容器中，农药标签应该保留好，以免引起误食。农药在家中应该隔离存放，最好存放在专柜或木箱中，并在外面加锁，避免小孩和禽畜接触。农药的储存也应该远离饮用水、食物等。

目的

让参与者了解农药的正确储存方法。

A. 讨论农药存放在不恰当的容器中的后果。

材料

图8-8。

图8-8　不正确的农药储存方式

时限

40分钟。

活动步骤

A.1 向参与者展示图9-8，并问参与者图片上的人在做什么，是否做得对。

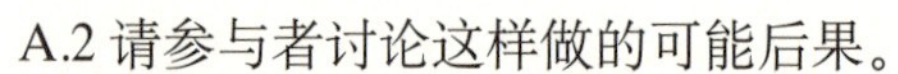

A.2 请参与者讨论这样做的可能后果。

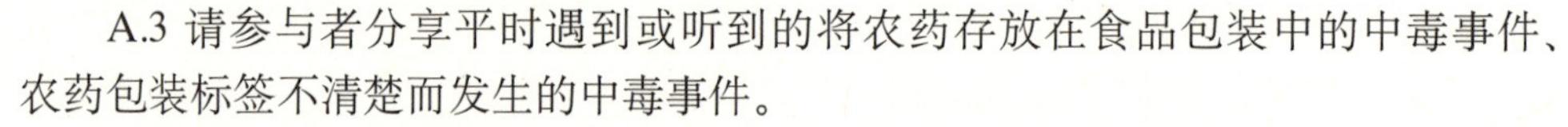

A.3 请参与者分享平时遇到或听到的将农药存放在食品包装中的中毒事件、农药包装标签不清楚而发生的中毒事件。

A.4 请参与者解释如何在日常施药过程中避免发生这样的事。

B. 农药的家庭储存。

B.1 询问参与者家里是否存放有农药和其他物质如洗涤剂、药品等，使他们意识到这些都是有风险的东西。让参与者描述这些东西平时是如何存放的，并询问他们觉得这些东西的存放是否安全。

B.2 提醒参与者有的存放位置在没有小孩的家庭是安全的，但是在有小孩的家庭就是不安全的。

B.3 请参与者分享是否亲身经历或者听说其他人有接触到这些危险品的事。

B.4 请参与者讨论在家中农药应该如何存放。

九、农药包装的污染

背景

农药施用后在自然环境中的降解产物及其包装物会污染大气、水体和土壤，破坏生态系统，还可能引起人和动植物急性或慢性中毒。

目的

通过演示，让学员直观的看到不仅农药污染环境，包装物也可污染环境。

材料

塑料桶、农药包装袋（瓶）。

时限

10 ～ 15分钟。

活动步骤

A. 开班时将塑料桶放置于培训教室内。

B. 让每个学员每次上课时带1 ～ 2个农药包装袋（瓶）。

C. 将学员所带的农药包装袋（瓶）放置于塑料桶内。

D. 培训结束前1周时让学员观察，得出结论。

十、在田间施药时接触到农药残留的症状识别

背景

很多农药中毒的症状和体征就像感冒和宿醉，辨别农药中毒症状与其他原因引起的相似症状对及时采取措施进行中毒救治是很重要的。在发生农药中毒症状时，农民应该了解自身的权益和工头等雇佣者所承担的责任。

目的

通过角色扮演，让学员了解农药急性中毒的初步辨别与急救措施。

时限

1小时。

活动步骤

A. 表演农药急性中毒的症状和体征。

A.1 邀请参与者进行角色扮演。请一位参与者表演工头，请至少三位参与者表演农民。向表演者描述以下情景：老王、老李和老张等农民在田地里工作，老王慢慢开始感觉到头晕和恶心，他以为是因为昨天晚上和老李一起喝酒造成的。

坚持了一会儿，他问旁边的老李是否也觉得头晕和恶心。老李回想起来他们头天晚上只喝了1瓶啤酒，不会对今天造成影响，但他也觉得头晕和恶心。后来他们发现田地里工作的农民都有相同的症状，于是他们决定告诉工头。根据表演者们讨论的剧情，工头可以让农民停止工作并将他们送到医院，也可以说是农民感冒了而让农民继续工作，可以自己决定应该怎么表演。

A.2 在表演的同时，告诉其他参与者在观察角色表演的时候应该思考工头和农民的行为是正确合法的还是错误的。

A.3 表演结束后，问农民以下问题：

问　题	答　　案
可能是什么原因导致农民感觉不舒服？	他们接触到上一次施药留下的农药残留而中毒
其他什么因素也可能产生相同的症状？	宿醉、感冒、孕妇晨吐都可能产生相同的症状
为什么在这个场景中，农民所表现的症状不是由宿醉、感冒或早晨不舒服引起的？	每个人都有同样的症状，不可能每个人都感冒了，中毒症状在他们在田里工作了一段时间后产生
在相似的场景下，你和其他农民会怎么做而让工头了解到农民不舒服？	农民的回答可能会不同
哪些因素可能阻止农民告诉工头他们不舒服？	农民可能在报告农药中毒症状时会犹豫，因为他们不想成为“捣蛋鬼”
如果农民农药中毒了，你期待工头如何做？	工头可能会让每个人都离开田地，工头可能报告农场经理田地里有使农民中毒的农药残留，并要求安排交通工具送生病的农民去卫生所或医院，有的工头可能会告诉农民停止抱怨继续工作，有的工头可能会告诉农民休息一会儿后继续干活，有的工头可能会送农民回家
如果田地里的农民都中毒了工头应该怎么做？	将农民带出田地，向农场经理报告并寻求卫生所或医院援助
在以上的场景中，工头有什么责任？	工头有负责农民在工作场地劳动安全的责任
在以上的场景中，农场经理或农场主有什么责任？	有负责农民在工作场地劳动安全的责任，有不让农民在限制进入间隔期进入田地工作的责任，农民在工作时生病或受伤应该将其送到医院

十一、农药中毒急救

背景

针对农药中毒的不同情况采取相应的急救方式：

- 经皮肤接触——立即用干净的水和肥皂清洗。
- 溅入眼睛——用干净温和的水流冲洗眼睛15分钟。
- 经消化道摄入（误食）——只有在农药标签有注明、中毒人意识清醒以及其姿势不会导致窒息的情况下，才可采取催吐的方式。如果农药标签注明不允许催吐，则应按照标签急救说明操作。
- 经呼吸道吸入——将中毒人员置于通风的地方。如果中毒人员脉搏停止跳动，需对其进行心肺复苏，如果中毒人员停止呼吸或呼吸困难则对其进行人工呼吸。

目的

- 掌握并实践农药中毒的急救方法。
- 讨论针对不同农药中毒情况的有效急救措施。

时限

2小时。

材料

肥皂、一小桶水、毛巾、空容器（充当盛农药的容器）、两副防护镜、两个空矿泉水瓶。

活动步骤

A.情景剧

A.1 选出4位学员，每2位为一组。发给每组一幅图片（图8-9、图8-10）。

A.2 根据图片设定的情景，每组中一位学员扮演因操作不当或误食导致农药中毒的人员，另一位扮演救助者，其余的学员为观众。

A.3 每组根据所分配的情景进行表演，并根据不同情景对“中毒人员”采取适当的急救措施。

A.4 表演之前，告诉观众学员在观看时思考如下问题：针对不同的农药中毒情况，正确的急救方式是什么。救援人员的急救措施是否得当。中毒人员是在什么情况下中毒的，如何避免此种情况。

A.5 通过对情景剧的观看，引导观众对以下问题进行进一步讨论。

图8–9 施药时的不当操作

图8–10 发生农药中毒事故

问 题	答 案
救助者是如何帮助中毒人员的？救助者还可以采取哪些措施？	该问题的答案取决于救助者的表现，例如，立即脱去沾有农药的衣物，用清水和肥皂清洗溅到农药的皮肤等
在什么情况下，应将中毒人员送往医院？	农药溅到皮肤上，如果受感染的地方有疼痛感或产生其他体征或农药标签有相关说明，则应寻求医疗帮助。对于农药进入眼睛、口腔以及经呼吸道吸入而导致的中毒，通常情况下，应寻求医疗帮助
对于误食农药的人员，为什么催吐不适用于所有的情况？	因为一些农药具有腐蚀性或能造成组织损伤。如果中毒人员呕吐，口腔和喉咙的内壁将在呕吐过程中被灼伤，导致额外的损伤。另外，中毒者呕吐过程中，有时农药会进入肺部从而对中毒者造成伤害
如果中毒者意识不清醒，是否可以对其进行催吐？	不可以。对意识不清醒的人进行催吐可能导致其窒息
农药中毒事故应当如何避免？	农药施药人员应当接受正规培训。农药不应存放在没有标记的容器中，也不能存放在食品或饮料包装中。不许在农药配制点附近食用水和食物，农药应密封存放

本节对应的基础知识为第五章降低农药使用风险的途径。

第五节　有害生物综合治理技术培训活动案例

一、农业防治措施

背景

农药是科技进步的结晶，农药的发展和推广应用史也是人类科学进步的发展史。长期以来，农药的广泛使用为消除农作物病虫危害，保障农业稳产、丰收，解决人类温饱问题作出了杰出贡献，确保了社会的稳定。但农药又是一把双刃剑，因使用农药而引起的“三R”（农药残留、害虫再猖獗、害虫抗药性）问题、“三致”（致畸、致癌、致突变）问题，对生态环境、食品安全、人类健康等的负面影响日渐显现，直接危及社会安定和和谐发展。很多农民认为不使用化学农药就没法种植作物，很多非化学防治方法被认为费工、费力、耗时、效果差，甚至被人遗忘了。IPM措施的目的不是要寻找下一种效果更好的农药，而是要打破这种周而复始的循环，采用一种尽量避免使用（化学）农药而不是优先使用（化学）农药的防治策略。农业防治措施就是IPM措施中重要的一项。

农业防治措施包括：

- 选择抗病虫优良品种。
- 适宜的种植季节。
- 育苗场地和栽培场地的清理消毒。
- 合理的茬口安排制度。
- 播种前的种子处理。
- 科学培育壮苗。
- 及时翻地，精细整地，施足底肥，适时定植，及时间苗、补苗和定苗。
- 合理施肥、合理灌溉和排涝。
- 及时中耕、除草和培土，植株调整（抹芽、打叉、整枝、搭架等）。
- 合理调节保护地的环境条件以及及时采收、合理储运等。

目的

- 了解大量使用农药的恶果。
- 掌握相关农业防治措施。
- 有效减少化学农药使用量。

材料

大白纸、记号笔。

时限

2小时。

活动步骤

A. 提问。当田里发生病虫害时，你们优先考虑哪种防治措施？

- 化学防治
- 生物防治
- 农业防治
- 物理防治

B. 让参与者分小组讨论并在大白纸上列出他们知道的农业防治措施。

C. 各组汇报讨论结果。

D. 必要时辅导员加以补充。

二、生物防治措施

背景

见病虫就施药是许多农民长期养成的习惯，他们不知道有些昆虫是可以利用的，更不知道有些病原微生物也可以用来防治病虫害。生物防治就是利用有益生物及其产物来防治病虫害的方法。生物防治具有防治范围广，自然资源丰富，可就地生产、就地应用，不污染环境，对人、畜和农作物安全的特点。生物防治除具有一定的预防性外，有的连续使用后对一些病虫害的发生有连续的、持久的抑制作用。

生物防治方法包括：

- 以虫治虫。主要利用捕食性昆虫，通过捕食来减少或控制害虫危害。如利用瓢虫、草蛉、食蚜蝇、步行虫等。
- 以菌治虫。利用病原微生物防治害虫。昆虫的病原微生物很多，有真菌、细菌、病毒、线虫等多种类群，是非常有利用价值的自然资源。如Bt乳剂、青虫菌、白僵菌、绿僵菌、轮枝菌等。
- 利用抗生素防治害虫。抗生素是某些微生物产生的代谢产物，能抑制一些其他微生物或害虫。
- 利用有益动物防治害虫。如一些鸟类、两栖类、捕食螨类、蜘蛛类，只要充分地保护和利用，都会发挥其防治作用。
- 利用害虫不育性防治害虫。
- 以菌治病。如菜丰宁B1拌种来防治白菜软腐病。

- 以抗生素治病。如武夷菌素、农用链霉素、宁南霉素等。
- 以病毒治病。
- 以其他生物制剂防治病毒病。

目的

- 了解一些天敌的相关知识。
- 掌握生物防治相关措施。

材料

记号笔、大白纸。

时限

2小时。

活动步骤

A. 提问。

A.1 所有昆虫都是害虫吗?

A.2 分别说说你们知道的昆虫哪些是害虫，哪些是益虫，哪些属于中性昆虫。

A.3 哪些微生物是可以利用的，如果知道，请分别说出。

B. 引入生物防治的概念。

B.1 让参与者按小组讨论，并在大白纸上列出他们知道的关于生物防治的一些方法及效果。

B.2 各组分别汇报讨论结果，辅导员补充一些相关知识。

三、蚜虫的危害

背景

蚜虫为刺吸式口器的害虫，常群集于叶片、嫩茎、花蕾、顶芽等部位，刺吸汁液，使叶片皱缩、卷曲、畸形，严重时引起枝叶枯萎甚至整株死亡。蚜虫分泌的蜜露还会诱发煤污病、病毒病并招来蚂蚁危害等。

目的

通过演示，让学员直观的看到蚜虫不仅取食植株汁液，还可诱发病毒病、煤污病。

材料

大白纸、吸管、杯子、红墨水（或蓝墨水）。

时限

10 ~ 15分钟。

活动步骤

A. 在杯子中放入30 ~ 50毫升清水。

B. 将红墨水（或蓝墨水）10 ~ 15毫升加入杯子中，摇匀。

C. 用吸管吸取红墨水（或蓝墨水）溶液，模仿蚜虫取食叶片。

D. 让学员观察大白纸上的红点，对其进行评价。

四、剪叶试验

背景

在不同生育期做不同剪叶量模拟稻纵卷叶螟或黏虫危害的试验，考证对产量的影响程度。

目的

通过剪除水稻植株部分叶片来模拟诸如黏虫等害虫危害对水稻产量的影响试验调查分析，找到一个农户可以接受的经济阀值平衡点指导病虫害防治，改变农户“见虫就打”等错误的防治观念。

材料

包装彩带、竹棍（杆）、剪刀。

时限

30 ~ 45分钟。

活动步骤

A. 用包装彩带和竹棍在田间框出小区和重复。

B. 按设计方案用剪刀剪叶。

C. 收获时按小区称量产量，并进行简单的经济效益分析。

D. 找出农户可以接受的防治指标。

五、健康土壤的重要性

背景

近年来，在集约化生产地区的许多农民感到，和以前相比，尽管他们投施相同或更多的化肥，但作物的产量还是徘徊不前，甚至减产，因此他们感到很困惑。在很多情况下，减产是由土壤肥力的降低引起的。在过去的几十年里，通过种植高产品种提高了产量，但这些品种同时也消耗了土壤中的大量养分，这种消耗通过增施化肥是无法完全补偿的。结果就是土壤不再有足够的肥力使作物获得高产，这也就是农民体会到的作物减产或产量停滞不前的原因。

目的

- 了解健康土壤对作物生长的重要性。
- 初步认识土壤基本性质及其作用。

材料

大白纸、记号笔、彩笔、小塑料袋 、农家肥、锄头。

活动步骤

A. 将学员分成几个小组，4 ~ 5名学员一组，每个小组都在荒地、土路、经常施用有机肥的地块和只施用化肥的地块观察。所有学员要对每种土壤类型的下列特点进行仔细观察：

- 颜色
- 土质
- 湿度
- 气味
- 土层结构
- 地表肥沃土层的厚度
- 土壤中的动物
- 其他感兴趣的特性

将观察结果记录好，从每个观察地点取一捧土装在塑料袋中，带回集会地点作为样品。所有小组在全体集会上介绍他们的调查结果。

B. 引导学员对健康土壤的成分和特性进行讨论。

C. 要求学员说出土壤的所有成分。将答案记在大白纸上，先让学员自己罗列，必要时加以补充：

- 矿质成分：沙土、壤土、黏土
- 养分
- 水
- 空气
- 腐殖质或有机物质
- 动植物残骸、堆肥、厩肥
- 活体生物：动物（昆虫、蚯蚓等）、微生物

D. 讨论。

- 哪种土壤能给作物提供最佳的生长环境。
- 优质土壤和劣质土壤的特点有哪些。

● 每种组分是如何进入土壤的。

● 每种组分对土壤的利与弊。

六、水稻病害防治

1. 病害管理原则

背景

水稻是我国的主要粮食作物之一，种植面积约占全国耕地面积的1/4，年产量占全国粮食总产的近1/2。水稻病害一直严重影响水稻的生产，水稻病害的种类很多，全世界有近百种，我国正式记载的达70余种，有经济重要性的有20余种，其中稻瘟病、纹枯病和白叶枯病发生面积大、流行性强、危害严重，是水稻上的“三大重要病害”。由于个体太小，致病微生物用肉眼是看不到的，并且它们存活在植株的组织中。我们只能看到在茎叶、谷粒和根上的病害症状。

由于农民对病原微生物不了解，当农民看到叶片的病症时，通常首先想到的是害虫危害。病害的管理措施显然与害虫有很大不同。因此，农民应该能够区分植株出现症状的不同原因。

目的

● 加强学员对不同水稻病害的存在和重要性的了解和认识。

● 提高学员对水稻病害的鉴别、防治和管理能力。

材料

大白纸、彩笔、感染病害的水稻、水稻健康植株。

时限

2小时。

活动步骤

A. 向参与者说明这次培训的目标。

B. 让参与者列举出感染水稻植株的疾病种类。如果必要，可以用纸片帮助参与者表达他们的意见。

C. 询问参与者他们认为水稻患病的原因。

D. 一起讨论并将讨论结果记录在大白纸上。引起疾病原因的记录应该包括：细菌、真菌、病毒、线虫和其他原因（如营养缺乏、缺氧等）

E. 把参与者分成由4～5人组成的小组。

F. 让他们用图例或书写的形式描述病毒、细菌、线虫及真菌如何感染水稻植株。讨论什么因素影响水稻病害的传播及如何阻止传播。

G. 每个小组介绍讨论结果，然后全体参与者共同讨论。务必使参与者掌握疾病控制的原则。

H. 询问参与者是否有其他问题。

I. 讨论。

I.1 什么病害影响水稻植株？

I.2 这些水稻病害的发生原因是什么？

I.3 这些水稻病害有何症状？

I.4 什么因素影响水稻病害的传播？

I.5 怎样才能控制水稻病害？

2. 稻瘟病

背景

稻瘟病又名稻热病，俗称火烧瘟、吊头瘟、掐颈瘟等，是水稻上流行广、危害大的世界性真菌病害之一，主要危害寄主植物的地上部分。由于危害时期和部位不同，可分为苗瘟、叶瘟、穗颈瘟、枝梗瘟、粒瘟等。寄主范围是水稻、小麦、马唐等多种禾本科植物。稻瘟病病菌主要在病稻草上越冬，第2年从病稻草上传入稻田中侵染危害。病菌传播主要靠风，雨、水流、昆虫也可传播。天气转暖又有雨淋的情况下，越冬病菌会大量复苏、增殖，从堆在田边的病稻草上转移到水稻上危害。

稻瘟病的发生除受品种、气候条件影响，还与菌源数量、栽培技术等因素有关，因此，防治上应采取以抗病品种为基础，消灭初侵染来源，适时进行药剂防治的综合防治措施。主要包括以下防治措施：

- 选用抗病、优质、高产品种。目前，水稻品种较多，如果大量种植感病品种，容易引起稻瘟病的流行。因此在品种布局时应尽可能避免大面积种植单一品种，应合理搭配，科学选用和栽培品种。同时注意提纯复壮，防止品种混杂和抗病性退化。

- 种子消毒。石灰水浸种，用1%石灰水浸种的时间随温度变化而有差异。气温15 ~ 20℃浸种34天；20 ~ 25℃浸种2 ~ 3天。浸种过程中不要搅动水面，水面高出种子10 ~ 12厘米，浸后用清水洗净，否则会影响发芽率。

- 处理病稻草。带病稻草可堆积发酵用作肥料，不可用于催芽、捆秧把，以免病菌传染导致病害发生。

- 加强栽培管理。在群体布局上要做到合理密植，适当加大行距，以便于通风透光，抑制病菌生长、侵入。要注意氮、磷、钾肥合理搭配使用，避免过多或过迟施用氮肥。试验证明，适当增加钾肥，可提高水稻抗病、抗倒伏能力，增加水稻产量。在水的管理上，应避免长期冷水灌田，要适时排水，做到浅水勤灌，湿润灌溉，促进根系发达，稻株生长健壮，提高其抗病能力，控制稻瘟病的发生。

● 药剂防治。根据田间病情调查和预测预报，及时防治叶瘟。在叶瘟发生初期，特别是急性型病斑出现时，立即喷药防治，扑灭发病中心，根据天气预报和病情发展决定喷药次数，一般可隔3～5天用药1次，共用1～2次。防治穗颈瘟，在水稻破口期至齐穗期各喷药1次，效果较好。

目的

让学员了解稻瘟病的症状、发病原因和防控措施。

材料

大白纸、水彩笔、胶带、感病植株。

活动步骤

A. 向参与者说明这次培训的目标。

B. 把参与者分成由4～5人组成的小组。

C. 让参与者在田间寻找有稻瘟病症状的植株。

D. 所有参与者观察并讨论他们找到的植株，请他们得出稻瘟病的症状或特征的结论，用彩色卡片记录所有参与者的观点。

E. 询问参与者稻瘟病的病因，在大白纸上记录下他们的观点并一起讨论。

F. 参与者回到他们参与讨论稻瘟病病因和控制方法的小组。

G. 每个小组向所有参与者介绍讨论结果，然后一起讨论并得出结论。

G.1 用健康的种子

G.2 适当的种植时间

G.3 照顾好植株

G.4 收获时间的管理

G.5 用抗病品种

H. 如果有必要做进一步解释。询问他们是否还有其他的问题。

I. 讨论。

I.1 稻瘟病是否曾经感染过你们家的水稻？它传播扩散到什么程度？

I.2 稻瘟病的症状是什么？

I.3 引起稻瘟病的原因是什么？

I.4 稻瘟病的病源是什么？

I.5 如何控制稻瘟病？

3. 水稻纹枯病

背景

水稻纹枯病俗称花秆、花脚瘟，是水稻上的重要病害之一。病害发生后，常导致水稻倒伏、枯死，严重影响水稻产量。水稻整个生育期均可发生，以分蘖盛期至抽穗期危害最重。主要危害叶鞘，也可危害叶片及穗部。发病初期叶鞘近水面处产生暗绿色水渍状小斑点，后逐渐扩大成椭圆形，病斑边缘呈现褐色，中部灰白色，病斑常数个互相融合成云纹状大斑。叶片和叶鞘上的病斑基本相似，发病严重时，叶片最后呈污绿色枯死。穗部病斑初为污绿色，后呈灰褐色，受害轻的出现部分黑色秕谷，结实不良，严重的整穗枯死。天气潮湿时，发病部位出现白色蛛丝状菌丝体，以后菌丝体集结成暗褐色菌核，易脱落于田间。

水稻纹枯病是由真菌引起的，病菌主要以菌核在土壤中越冬，也能以菌丝和菌核在病稻草、田边杂草及其他寄主上越冬，成为第2年发病的初侵染源。春耕灌水时，田间越冬菌核漂浮于水面上，插秧后粘附在稻株基部的叶鞘上，当温湿度适宜时，萌发产生菌丝，经叶鞘缝隙伸入叶鞘内侧，通过气孔或直接穿破表皮侵入，引起发病。病斑表面产生气生菌丝，在病组织附近的叶鞘或邻近的稻株间继续扩展蔓延，进行再侵染。纹枯病发生程度受下列因素影响：一是气温达到20℃以上，田间湿度90%时开始发病；气温上升到28～32℃，且连续阴雨，田间湿度96%以上，病害将发生严重；如果气温下降到20℃以下，天气干旱，田间湿度85%以下，则不利于发病，病害发生迟缓或不发病。二是田间越冬菌核数量多，病害发生重；菌核打捞的彻底，田间残留菌核少，发病轻。三是氮肥使用过多或过迟，植株徒长，叶片浓绿披垂，稻株抗病性降低，有利于病害的发生蔓延；水稻群体过大，长期深水，病害往往严重发生。水稻纹枯病的防治措施主要有以下几项。

- 消灭菌源。春耕灌水时，田间菌核多漂浮于水面浪渣中，可将浪渣捞出烧毁或深埋，以减少菌源，减轻病害的发生。

- 加强栽培管理。要掌握适宜的密度，施足基肥，早施追肥，控制氮肥用量，增施磷、钾肥，及时控制无效分蘖，防止封行过早，后期防止贪青、倒伏。同时应浅水勤灌，适时烤田，降低田间湿度，控制病害发生。

- 药剂防治。当分蘖末期丛发病率5%～10%时应施药防治，施药后10～15天若病情继续扩展，则需再防治一次。对发病程度一般的地块，掌握在拔节期至孕穗期丛发病率10%～15%时用药防治。可选用以下药剂：5%井冈霉素水剂每亩每次150克、50%多菌灵可湿性粉剂150～200克、70%甲基硫菌灵可湿性粉剂

100克对水50 ～ 60千克喷雾，每亩用20%粉锈宁乳油50 ～ 75毫升对水50千克喷雾或每亩用50%退菌特可湿性粉剂100克对水75 ～ 100千克喷雾，均有较好的防治效果。喷药时必须注意浓度、用量和方法，防止人、畜中毒。喷雾时使喷头对准稻株中下部茎秆均匀喷施。水稻孕穗期以后对有机砷类农药较敏感，易产生药害，故水稻孕穗期后不宜使用。

目的

- 让参与者掌握感染水稻纹枯病植株的症状。
- 让参与者掌握引起水稻纹枯病传播的根源。
- 让参与者掌握防治水稻纹枯病的方法。

材料

大白纸、水彩笔、胶带、彩色卡片、感染水稻纹枯病的植株

活动步骤

A. 向参与者说明这次培训的目标。

B. 把参与者分成由4 ～ 5 人组成的小组。

C. 让参与者在水稻地里寻找有纹枯病症状的植株。

D. 让所有参与者观察每个小组收集的样本并进行讨论，请参与者总结出水稻纹枯病的症状或特征，用彩色卡片记录所有参与者的观点。

E. 询问参与者水稻纹枯病传播的途径，在大白纸上记录下他们的观点并一起讨论。

F. 让参与者回到他们的组内讨论水稻纹枯病的感染源及其控制方法。

G. 每个组向全体参与者介绍讨论结果，然后一起讨论并得出结论。

H. 如果有必要做进一步的解释，询问参与者是否还有其他的问题。

I. 讨论。

I.1 你们家的水稻感染过水稻纹枯病吗？受感染程度如何？

I.2 水稻纹枯病的症状是什么？

I.3 水稻纹枯病的病源是什么？

I.4 如何控制水稻纹枯病？

4. 水稻烂秧

背景

水稻烂秧是水稻在秧田期烂种、烂芽和死苗的总称，可分为生理性烂秧和传染性烂秧两大类。生理性烂秧是指单纯由不良环境条件所造成的病害，传染性烂秧则多指不良环境诱致腐霉菌、绵霉菌、镰刀菌、丝核菌等弱性寄生菌危害而引

起的病害。大面积的烂芽和死苗多属于传染性病害。防治水稻烂秧病，应采取以提高育秧技术、改善环境条件、增强稻苗抗病力为重点，适时进行药剂防治的综合防治方法。具体措施包括：

- 提高秧田质量。秧田应选择肥力中等、避风向阳、排灌方便且地势较高的地方。
- 精选种谷。种谷要纯、净、健壮、成熟度高。浸种前晒种1～2天，降低种子含水量。
- 提高浸种催芽技术。浸种要浸透，催芽过程中要使水分、温度、氧气三者关系协调。
- 掌握播种质量。根据品种特性确定播种适期、播种量和秧龄。

科学管水。芽期保持畦面湿润，不能过早上水，以保证扎根需氧和防止芽鞘徒长。

- 合理施肥。秧田施足基肥，追肥少量多次，应提高磷、钾肥的比例。
- 药剂防治。

目标

让参与者能够解释水稻烂秧的症状和原因。

让参与者掌握治疗水稻烂秧的办法。

材料

大白纸、水彩笔、胶带、粉/蜡笔、彩色卡片、感染水稻烂秧的植株。

活动步骤

A. 向参与者说明这次培训的目标。

B. 把参与者分成由4～5人组成的小组。

C. 让参与者在田间寻找有水稻烂秧症状的植株。

D. 所有参与者观察并讨论他们找到的植株，请他们得出水稻烂秧的症状或特征的结论，用彩色卡片记录所有参与者的观点。

E. 询问参与者水稻烂秧的病因，在大白纸上记录下他们的观点并一起讨论。

F. 每个小组向所有参与者介绍讨论结果，然后一起讨论并得出结论。

G. 讨论。

G.1 水稻烂秧是否曾经感染过你们家的水稻？它传播扩散到什么程度？

G.2 水稻烂秧的症状是什么？

G.3 引起水稻烂秧的原因是什么？

G.4 水稻烂秧的病源是什么？

G.5 如何控制水稻烂秧？

5. 南方水稻黑条矮缩病

背景

南方水稻黑条矮缩病是近几年来新发生的一种水稻病毒性病害。水稻发病后，植株明显矮缩、瘦弱，叶面皱缩不平，叶片僵硬而短，叶基部皱缩，节部有气生根，高节位分枝，茎秆有蜡状突起，叶枕间距缩短，根系衰弱，变褐不发达，不抽穗或仅抽一些包茎小穗，一丛中有1根或几根稻株比健株矮1/3左右，穗短，谷粒不饱满，实粒少，粒重轻，结实率低，可造成水稻减产20%～50%，严重的甚至基本绝收。

南方水稻黑条矮缩病由白背飞虱带毒传播。该病具有范围广、突发性和暴发性强、扩散蔓延快、危害隐蔽等特点，在水稻各生育期均可感病，发病前期不易发现，发现之时已成灾，一旦发病则无有效药剂防治，水稻感病越早损失越大。因此，预防越早，效果越好，损失越小。主要预防和控制措施如下：

- 选用抗病良种及不感虫品种。
- 加强病虫监测。观察田间白背飞虱迁入、南方水稻黑条矮缩病发生动态，结合南方迁出地白背飞虱带毒率预警，抓住防控关键时期，及时、有效地开展防控。
- 抓好健身防病措施。
- 控制秧苗期及本田分蘖期传毒侵染。用低毒低残留药剂治虱防病。

目标

- 让参与者掌握感染南方水稻黑条矮缩病植株的症状。
- 让参与者掌握南方水稻黑条矮缩病传播的根源。
- 让参与者掌握控制南方水稻黑条矮缩病的方法。

材料

大白纸、水彩笔、胶带、感染南方水稻黑条矮缩病的植株。

活动步骤

A. 向参与者说明这次培训的目标。

B. 把参与者分成由4～5人组成的小组。

C. 让参与者在水稻田中寻找有南方水稻黑条矮缩病症状的植株。

D. 让所有参与者观察每个小组收集的样本并进行讨论，请参与者总结出南方水稻黑条矮缩病的症状或特征，用彩色卡片记录所有参与者的观点。

E. 询问参与者南方水稻黑条矮缩病传播的途径，在大白纸上记录下他们的观点并一起讨论。

F. 让参与者回到他们的组内讨论南方水稻黑条矮缩病感染源及其控制方法。
G. 每个组向全体参与者介绍讨论结果，然后一起讨论并得出结论。
H. 如果有必要做进一步的解释，询问参与者是否还有其他的问题。
I. 讨论。
I.1 你们家的水稻感染过南方水稻黑条矮缩病吗？受感染程度如何？
I.2 南方水稻黑条矮缩病的症状是什么？
I.3 为什么实行统防统治，确保大区域内有效控制病害，可以提高控病效果？
I.4 如何控制南方水稻黑条矮缩病？

七、水稻害虫防治

1. 害虫管理原则

背景

水稻害虫种类繁多，水稻生长的不同时期会受不同害虫威胁，对水稻产量及品质均有很大影响。在许多农民的眼里，昆虫是农作物的敌人，应该被消灭掉，因为它们会危害水稻植株，造成减产。但所有的昆虫都是害虫吗？都危害植株吗？难道没有一种昆虫以其他种类的昆虫为食吗？真的所有的昆虫都是敌人吗？如果有的昆虫寄生或捕食破坏庄稼的害虫会怎么样呢？

为了回答以上问题，我们需要学习如何去管理在田间发现的昆虫，通过这种方法，我们可以保护那些对我们有益的昆虫和控制害虫。

目标

- 让参与者清楚昆虫管理的原则。
- 让参与者认识控制昆虫的方法。

材料

大白纸、水彩笔、胶带、彩色卡片、塑料袋、网。

活动步骤

A. 向参与者说明这次培训的目标。
B. 让参与者列举一些破坏庄稼的害虫。
C. 把参与者分成由4～5人组成的小组。
D. 在例行观察时，让参与者收集一些害虫品种，把它们放在干净的塑料袋内。如果没有害虫，就用收集的昆虫。给每一组不同的昆虫。
E. 让每一组讨论害虫的生活史，害虫是如何破坏水稻的，在生活史中的哪个时期它破坏水稻植株且如何管理这些害虫以阻止它们破坏水稻植株（确保他们讨论自然的敌人)。

F. 每个小组向所有参与者介绍讨论结果，然后一起讨论并得出结论。如果有必要做进一步解释。

G. 讨论。

G.1 为什么我们需要管理而不是控制昆虫？

G.2 什么时候昆虫应该被管理，什么时候昆虫应该被控制？

G.3 我们如何控制自然界的害虫？

2. 三化螟

背景

三化螟常称为水稻钻心虫。它食性单一，专食水稻，以幼虫蛀茎危害，分蘖期形成枯心，孕穗至抽穗期形成枯孕穗和白穗，转株危害还形成虫伤株。“枯心苗”及“白穗”是其危害后稻株的主要症状。防治三化螟要狠抓消灭虫源，视各地不同情况，因地制宜，综合应用农业防治、化学防治、生物防治、物理防治和保护利用天敌等技术措施，主要有以下几种防治措施：

- 消灭越冬虫源。越冬螟虫接近羽化时，及时春耕灌水浸田，杀死越冬幼虫；不能及时灌水的冬作田，经过耕翻整地，要捡拾并烧毁外露稻桩。
- 栽培治螟。合理调整耕作制度和水稻品种布局，尽量避免混栽。选用合理品种，种子纯度高，栽秧时间差异和水稻成熟期差异不宜太长，减少“桥梁田”，错开水稻受害危险期与三化螟危害期。
- 健身栽培，提高水稻抗螟害能力。进行科学的肥水管理和稻田农事操作，使水稻生长健壮，提高其本身抵抗三化螟侵害的能力。
- 生物防治。保护利用天敌，提高自然控制螟害能力：稻田三化螟各类寄生、捕食性天敌较多，螟卵有稻螟赤眼蜂、长腹黑卵蜂、等腹黑卵蜂等寄生性天敌；幼虫有寄生蜂、寄生蝇、线虫等天敌；另外，还有稻红瓢虫、蜘蛛、青蛙等捕食性天敌。在防治三化螟的同时，应防止对天敌的伤害，提高天敌对三化螟的控制作用。
- 化学防治。必须做好“两查两定”，即查虫情、苗情，定防治对象田和用药适期，做到合理用药。在卵块孵化始盛期开始调查青枯心，在孵化高峰期调查枯心团，枯心团超过30个，全田用药，不到30个，选大枯心团用药。查卵块孵化进度，结合苗情，定施药适期，在孵化高峰前1～2天用药，防治枯心苗，在螟卵盛孵期内，水稻破口期是防治白穗的重要时期，根据早破口早用药、迟破口迟用药的原则进行药剂防治。

目标

- 让参与者掌握三化螟的生活史。
- 让参与者认识三化螟在水稻上的危害症状。
- 给参与者提供防治三化螟的方法。

材料

大白纸、水彩笔、胶带、彩色卡片、受三化螟危害的植株。

活动步骤

A. 向参与者说明这次培训的目标。

B. 询问参与者他们家的水稻是否曾经被三化螟破坏过，如果有必要使用当地方言称呼三化螟。询问他们三化螟的特征和危害症状，将答案记在大白纸上。

C. 邀请参与者寻找和观察被三化螟破坏的水稻植株，并搜集这种昆虫。

D. 把参与者分成由4 ~ 5 人组成的小组。让每一组讨论三化螟的生活史，在哪个时期它们对水稻植株有破坏，在每个周期它们是否有天敌。

E. 每个小组向所有参与者介绍讨论结果，然后一起讨论并得出结论。

F. 询问参与者他们通常是如何控制三化螟的，用彩色的卡片记录下他们的答案。

G. 在大白纸上列举出控制三化螟的方法。与参与者共同讨论每种方法的优缺点。如果必要，做进一步的解释。

H. 讨论。

H.1 三化螟的特征是什么？

H.2 三化螟的生活史是怎样的？

H.3 三化螟危害水稻植株的症状是什么？

H.4 如何控制三化螟？

3. 稻飞虱

背景

稻飞虱的种类较多，但对水稻危害严重的主要有褐飞虱、白背飞虱和灰飞虱三种。稻飞虱是以刺吸式口器吸食汁液危害水稻的。在南方稻区，稻株基部被害部位初期呈棕褐色斑，严重时稻株基部呈黑褐色，全株枯死、倒伏，有时可造成绝产。稻飞虱产卵时以锯形产卵管划破叶鞘，将卵产在被划破的叶鞘内。大量发生时，叶鞘被划得伤痕累累，引起倒伏而减产。防治稻飞虱要视各地不同情况，因地制宜，综合应用农业防治、物理防治、生物防治和化学防治等绿色防控技术措施，主要有以下几种防治措施。

● 农业防治。加强田间管理，合理科学施用氮、磷、钾肥，重施基肥、早施追肥，实行科学的肥水管理，防止禾苗贪青徒长。

● 选育抗虫品种。

● 栽培管理上实行同品种连片种植；对不同的品种或作物进行合理布局，避免稻飞虱辗转危害。同时要加强肥水管理，适时适量施肥和适时露田，避免长期浸水。

● 生物防治。稻田养蛙、鸭，保护利用稻田蜘蛛、黑肩绿盲蝽等自然天敌，同时利用频振式杀虫灯诱杀，能有效控制稻飞虱的种群数量。

● 药剂防治。根据虫情测报情况，掌握不同类型稻飞虱发生情况和天敌数量，采用低毒低残留的药剂进行防治。

目标

● 让参与者掌握稻飞虱的生活史。

● 让参与者认识稻飞虱侵染水稻植株的症状。

● 向参与者提供稻飞虱的防治知识。

材料

大白纸、水彩笔、胶带、彩色卡片、稻飞虱。

活动步骤

A. 向参与者说明这次培训的目标。

B. 询问参与者的农作物是否曾经受稻飞虱危害（如果必要稻飞虱使用当地方言称呼）。询问他们稻飞虱的特征和危害植株的症状，将答案写在大白纸上。

C. 请参与者寻找和观察被稻飞虱危害的水稻植株，并搜集这些稻飞虱。

D. 把参与者分成由4 ~ 5 人组成的小组。让每一组讨论稻飞虱的生活史，在哪个生理阶段的稻飞虱对水稻植株有害，以及不同的生理阶段他们是否有天敌。

E. 每个小组向所有参与者介绍讨论结果，然后一起讨论并得出结论。

F. 询问参与者通常是如何控制稻飞虱的，将答案记在彩色卡片上。

G. 在大白纸上列举出控制稻飞虱的方法，与参与者共同讨论每种方法的优缺点。如果必要，做进一步的解释。

H. 讨论。

H.1 稻飞虱有哪些特征？

H.2 稻飞虱的生活史是怎样的？

H.3 稻飞虱危害水稻植株的症状是什么？

H.4 如何控制稻飞虱？

4. 稻纵卷叶螟

背景

稻纵卷叶螟以幼虫吐丝纵卷叶片结成虫苞，幼虫躲在苞内取食叶片上表皮及叶肉组织，留下表皮，形成白色条斑，受害重的稻田一片枯白，影响水稻株高和抽穗，使千粒重降低，瘪谷率增加，导致严重减产。

稻纵卷叶螟为远距离迁飞性害虫，每年春、夏，成虫随季风由南向北迁飞。随气流和雨水拖带降落，成为非越冬地区的虫流。秋季则随季风南迁繁殖越冬。成虫有趋光和趋绿习性，群集。稻纵卷叶螟当年是否大发生与迁入期迟早、迁入量多少直接有关，氮肥施用过多过迟的田块危害重。成虫盛发和卵孵期，雨日10天左右，雨量100毫米左右，温度25 ～ 28℃，相对湿度80%以上，则大发生。即温暖、高湿、多雨日的气候条件有利于其发生。

预测未来几年稻纵卷叶螟偏重发生的原因分析：

- 境内外耕作制度的变化导致迁入峰提前、迁入量增加。
- 目前水稻主栽品种以粗秆大穗型为主，生长量大、生育期长，有利于稻纵卷叶螟危害和完成世代发育。
- 稻区之间或稻区内水稻栽插期不统一，桥梁田多，有利于迁移和转辗危害。
- 用药量增加，稻田生态脆弱，自然调控能力减弱。
- 主治药剂抗性增加，防效降低。
- 我国地处东南亚季风区，受自然气候影响较大，有利于境外虫源迁入扩散。

控制稻纵卷叶螟的常用方法：

- 合理施肥。加强田间管理，特别是控制氮肥使用，促进水稻生长健壮，以减轻危害程度。
- 科学管水。适当调节晒田时间，降低幼虫孵化期田间湿度，或在化蛹高峰期灌深水2 ～ 3天，杀死虫蛹。
- 保护利用天敌，提高自然控制能力。我国稻纵卷叶螟天敌种类多达80余种，各虫期均有天敌寄生或捕食，保护利用好天敌资源，可大大提高天敌对稻纵卷叶螟的控制作用。卵期寄生天敌，如拟澳洲赤眼蜂、稻螟赤眼蜂，幼虫期天敌如纵卷叶螟绒茧蜂，捕食性天敌如蜘蛛、青蛙等，对稻纵卷叶螟都有很好的控制作用。
- 掌握在幼虫一龄盛期或百丛有新束叶苞15个以上时，每亩用5%阿维菌素（爱维丁）乳油200毫升或15%阿维·毒死蜱（卷叶杀）乳油200毫升或40%辛硫磷乳油100 ～ 150克或30%乙酰甲胺磷乳油150 ～ 225毫升分别对水30 ～ 50千克喷雾。注意防治要及时，用药要准确，等到虫子卷叶后再防治，效果很差。

目标

- 让参与者掌握稻纵卷叶螟的生活史。
- 让参与者认识稻纵卷叶螟危害水稻的症状。
- 向参与者提供防治稻纵卷叶螟的知识。

材料

大白纸、水彩笔、稻纵卷叶螟样品。

活动步骤

A. 向参与者说明这次培训的目标。

B. 询问参与者他们家的水稻是否曾经受稻纵卷叶螟危害（如果必要用当地方言称呼稻纵卷叶螟）。询问他们稻纵卷叶螟的特征和侵染植株的症状，将答案记在大白纸上。

C. 邀请参与者寻找和观察被稻纵卷叶螟侵染的水稻植株，并搜集多种类型的稻纵卷叶螟。

D. 把参与者分成由4 ~ 5 人组成的小组。讨论稻纵卷叶螟的生活史，在哪个阶段对水稻植株有破坏作用，以及在每个周期它们是否有天敌。

E. 每个小组向所有参与者介绍讨论结果，然后一起讨论并得出结论。

F. 询问参与者他们通常是如何控制稻纵卷叶螟的，将答案记在彩色卡片上。

G. 在大白纸上列举出控制稻纵卷叶螟的方法，与参与者共同讨论每种方法的优缺点。如果必要，做进一步的解释。

H. 讨论。

H.1 稻纵卷叶螟有何特征？

H.2 稻纵卷叶螟的生活史划分为哪些阶段？

H.3 稻纵卷叶螟危害水稻植株的症状是什么？

H.4 如何控制稻纵卷叶螟？

八、稻田天敌观察

背景

农业生态系统中除了农作物外，还有很多生物和非生物因子，这些因素共同作用，影响农作物的生长，而农民常常只关心田里的害虫，甚至认为田间的昆虫都是有害的，有时无法区分害虫、天敌或中性昆虫，见到田间的昆虫就直接施药，滥用或过度使用农药，大量杀伤天敌，降低了生态系统自我调节的功能。

目的

加强学员对稻田生态系统中天敌的存在和作用的了解及认识。

材料

大白纸、彩笔、纱网、盆栽水稻、捕虫网、塑料袋。

活动步骤

A. 将学员分成小组，每个小组在稻田搜集各类昆虫。

B. 田间捕虫结束后，根据自己的判断将搜集到的昆虫分为三类：害虫、天敌和中性昆虫，以小组为单位汇报结果。

C. 用纱网制作成网罩罩在盆栽水稻上，网罩底端到达地面，确保网罩内的昆虫无法从边缘逃逸。

D. 各组将捕获的昆虫放入网罩内的水稻植株上，每天观察记录各昆虫的活动变化情况。

E. 1周后汇报观察结果。

F. 讨论。

F.1 天敌和中性昆虫是否会危害水稻?

F.2 天敌在田间有什么作用?

F.3 稻田中哪种天敌比较普遍?

F.4 如何保护利用天敌?

九、甘蔗病害

1. 甘蔗病害识别

背景

甘蔗有多种病害，主要有凤梨病、眼斑病、黄斑病、鞭黑穗病、赤腐病、花叶病（嵌纹病）等。由于致病微生物太小，并且存活在植株的组织中，因此用肉眼是看不到的。只能看到在叶、茎和块根上的病害症状。

当农民看到叶片的病症时，通常首先想到的是害虫，而忽视了致病微生物，病害的管理措施显然与虫害有很大不同。因此，农民应该能够区分植株出现症状的不同原因。

目的

- 加强学员对不同甘蔗病害的存在和重要性的了解和认识。
- 提高学员对甘蔗病害的鉴别、防治和管理能力。

材料

大白纸、彩笔、感染病害的甘蔗、甘蔗健康块根。

步骤

A. 向参与者说明这次培训的目标。

B. 让参与者列举出感染甘蔗植株的病害种类。如果必要，可以用纸片帮助参与者表达他们的意见。

C. 询问参与者他们认为甘蔗患病的原因是什么。

D. 一起讨论并将讨论结果记录在大白纸上。引起病害原因的记录应该包括细菌、真菌、病毒、线虫和其他原因（如营养缺乏、缺氧等）。

E. 把参与者分成由4～5人组成的小组。

F. 让他们用图例或书写的形式描述病毒、细菌、线虫及真菌如何感染甘蔗植株。讨论什么因素影响疾病的传播及如何阻止传播。

G. 每个小组介绍讨论结果，然后全体参与者共同讨论。务必使参与者掌握疾病控制的原则。

H. 询问参与者是否有其他问题。

I. 讨论。

I.1 什么病害影响甘蔗植株？

I.2 这些甘蔗病害的发生原因是什么？

I.3 这些甘蔗病害有何症状？

I.4 什么因素影响甘蔗病害的传播？

I.5 怎样才能控制甘蔗病害？

2. 甘蔗鞭黑穗病

背景

甘蔗鞭黑穗病属真菌性病害。以蔗茎顶端生长出一条黑色鞭状物（黑穗）为明显特征，黑穗短者笔直，长者或卷曲或弯曲，无分枝。感病蔗种萌发较早，蔗株生长纤弱。叶片狭长，色淡绿，节间短。宿根蔗、分蘖茎和土壤干旱、瘦瘠而管理差的蔗田发病较多。高温高湿、雨季或蔗田积水、旱后较多雨等为本病发生的有利条件。传播媒介主要是气流。鞭黑穗病的病原可能来自周围已感病的植株。可以采用的防治方法有：

- 选用抗病品种。
- 种苗消毒：用50～52℃温水浸种20分钟。
- 适当多施磷、钾肥以促使甘蔗早生快发。

- 发现病株及时拔除并集中烧毁。
- 实行轮作，发病区不留宿根。
- 不在发病区采苗。

目标

- 让参与者学会识别感染鞭黑穗病植株的症状。
- 让参与者掌握鞭黑穗病传播的根源。
- 让参与者掌握控制鞭黑穗病的方法。

材料

大白纸、水彩笔、胶带、彩色卡片、感染鞭黑穗病的植株。

活动步骤

A. 向参与者说明这次培训的目标。

B. 把参与者分成由4～5人组成的小组。

C. 让参与者在甘蔗地里寻找有黑穗病症状的植株。

D. 让所有参与者观察每个小组收集的样本并进行讨论。请参与者总结出鞭黑穗病的症状或特征。用彩色卡片记录所有参与者的观点。

E. 询问参与者鞭黑穗病传播的途径。在大白纸上记录下他们的观点并一起讨论。

F. 让参与者回到他们的组内讨论鞭黑穗病的感染源及其控制方法。

G. 每个组向全体参与者介绍讨论结果，然后一起讨论并得出结论。

H. 如果有必要做进一步的解释。询问参与者是否还有其他的问题。

I. 讨论。

I.1 你们家的甘蔗感染过鞭黑穗病吗？受感染程度如何？

I.2 甘蔗感染鞭黑穗病的症状是什么？

I.3 鞭黑穗病的病源是什么？

I.4 如何控制鞭黑穗病？

十、桑　　螟

背景

桑螟主要危害桑树，是桑树的重要害虫之一。幼虫危害夏、秋桑叶，以晚秋桑叶受害最重，发生严重时，造成桑叶产量下降，质量变劣，影响蚕业生产。桑螟的一些防治方法：

- 用束草或堆草诱集越冬老熟幼虫。

- 可通过人工除掉感染的叶片来消灭桑螟。
- 在适宜的时间堆土可以掩埋掉在地上的蛹并杀死它们。
- 栽种有抵抗力的品种。

目的

- 让参与者了解桑螟的生活史。
- 让参与者认识桑螟危害状。
- 给参与者提供一些控制桑螟的知识。

材料

大白纸、水彩笔、胶带。

活动步骤

A. 向参与者说明这次培训的目标。

B. 询问桑螟是否破坏过他们的桑园，如果必要，用当地方言称呼桑螟。询问他们桑螟的特征和桑螟的危害症状。将他们的答案写在大白纸上。

C. 请参与者寻找和观察被桑螟危害的桑树植株，并搜集这些桑螟样本。

D. 把参与者分成由4 ~ 5 人组成的小组。小组讨论桑螟的生活史，哪个阶段对桑树植株有伤害，每个阶段是否有天敌。

E. 每个小组向所有参与者介绍讨论结果，然后一起讨论，得出结论。

F. 询问参与者他们通常是如何控制桑螟的，用彩色卡片记下答案。

G. 在大白纸上列举出控制桑螟的方法，与参与者共同讨论每种方法的优缺点。如果必要，做进一步的解释。

H. 讨论。

H.1 桑螟的特征是什么?

H.2 桑螟的生活史分为几个阶段?

H.3 桑螟的危害状是什么?

H.4 如何控制桑螟?

本节对应的基础知识为第五章第一节有害生物综合治理（IPM）技术。

第九章 社区培训团队建设活动案例

第一节　加强团队协作与交流

一、你比我猜

目的

- 加强学员团队合作意识。
- 提高学员共同学习能力。

材料

相关图片（最好选一些与培训相关的图片）。

时限

15 ～ 20分钟。

活动步骤

A. 每组选取2位学员。

B. 一位学员抽取图片5张，将图片内容用肢体语言表达，另一人猜。

C. 每组用时5分钟。

D. 猜对多者为胜，并进行评价。

二、无敌风火轮

目的

- 培养学员团结一致、密切合作、克服困难的团队精神。
- 培养计划、组织、协调能力。

● 培养服从指挥、一丝不苟的工作态度。

● 增强队员间的相互信任和理解。

材料

报纸、胶带。

时间

10分钟左右。

活动步骤

A. 12 ~ 15人一组，利用报纸和胶带制作一个可以容纳全体团队成员的封闭式大圆环。

B. 将圆环立起来，全队成员站到圆环内边走边滚动大圆环（图9-1）。

图9-1　无敌风火轮游戏

C. 评价和总结：从活动中可以得到什么启示？

三、坐地起身

目的

● 提高学员的团队合作意识。

时间

20 ~ 30分钟 。

活动步骤

A. 4人一组，围成一圈，背对背的坐在地上。

B. 4人不用手撑地站起来。

C. 随后依次增加人数，每次增加2人，直至10人。在此过程中，辅导员要引导参与者坚持，坚持，再坚持，因为成功往往就是再坚持一下。

D. 评价和总结：从活动中可以得到什么启示？

四、盲人方阵

目的

● 锻炼学员的团队合作能力。

材料

长绳1根。

时限

20 ~ 30分钟 。

活动步骤

A. 让所有队员蒙上眼睛，在40分钟内，将一根绳子拉成一个最大的正方形，所有队员均匀分布在四条边上（图9-2）。

图9–2　盲人方阵游戏

B. 这个游戏教会所有学员如何在信息不充分的条件下寻找出路，大家耗用时间最长、最混乱、所有人最焦虑的时候是在领导人选出、方案确定之前，当领导人产生、有序的组织开始运转的时候，大家虽然未有胜算，但心底已坦然了许多。而行动方案得到大家的认同并推进，使学员们在同心协力中初尝胜利的喜悦。

五、袋鼠跳（图9–3）

图9–3　袋鼠跳游戏

目的

- 锻炼学员的身体。
- 锻炼学员的团队合作能力及协调能力。

材料

- 布袋若干。每组所用布袋均为同一规格，用明显的标记划出各队的起跑线和跑道线。
- A、B两队起跑线间距离30米，每条跑道宽1.2米。

活动步骤

A. 每组比赛4队参加，每队10人。

B. 每支队伍平均分为2个小队，记为A、B，相向各排成一纵队。

C. 比赛开始前，每组A队的第一名队员将布袋套至腰部，听裁判员发令后向B队前进，中途布袋不得脱离双腿，至B队时脱去布袋，由B队队员套上布袋向A队前进，如上述循环直至最后一名队员。

D. 比赛过程中，如有摔倒可以自行爬起，但布袋必须始终套在腿上，如有滑落必须重新套上后方可继续比赛。从开始脱下布袋交接，至下一名队员的布袋完全套好，整个交接过程必须在跑道端线以外进行，不能越线。所有队的比赛结束后，以用时较短的次序排出前三支队伍。

六、心心相印（背夹球）（图9-4）

目的

● 提高队友之间的默契度。

材料

每组一条长约五米的绳子、圆球。

比赛场地：赛距20米。

活动步骤

A. 每组2人，背夹一圆球，步调一致向前走，绕过转折点回到起点，下一组开始前进。向前走时，双手不能碰到球，否则一次罚2秒；球掉后从起点重新开始游戏。最先完成者胜出。按时间记名次，按名次计分。

图9-4　背夹球游戏

B. 注意事项。

B.1 比赛过程中如有球落地情况出现需返回起点重新开始。

B.2 途中不得以手、胳膊碰球，如有违反均视为犯规。每碰球一次记犯规一次，每犯规一次比赛成绩加2秒 。

B.3 进行接力时，接力方必须在规定区域内完成接力活动。比赛中应绝对服从裁判，以裁判员的判罚为准。

七、盲人足球

目的

● 锻炼学员的团队合作能力。

材料

每组1个足球（要用含气量不足的足球，这样每踢一下，球不会滚得太远）、蒙眼布。

活动步骤

A. 每个队员在自己的小组内找一个搭档。

B. 每对搭档中只有一个人戴蒙眼布，另一个人不戴。只有被蒙上眼睛的队员才可以踢球，他的搭档负责告诉他球的位置、向什么方向走、做什么。在规定的时间内，哪一组进的球最多，哪一组就获胜。

C. 评价和总结：从活动中可以得到什么启示？

八、疯狂的设计（图9-5）

目的

- 增强组员的团体合作能力。

材料

小纸条、笔。

时限

30分钟 。

活动步骤

A. 第一轮：小组成员派一个代表抽出一个工作者提前准备的26个字母中的一个，然后在最短的时间内用肢体摆出这个字母。

图9-5　游戏疯狂的设计

B. 第二轮：小组成员派一个代表抽出一个工作者提前准备的一个单词，然后用最短的时间摆出这个单词。

九、形状组合

目的

锻炼学员的团队协调组织能力。

时限

30分钟。

活动步骤

A. 参与者分成两个大组，每组15 ~ 20人。

B. 主持人将参与活动的人员带至一片开阔场地（长、宽分别达20米左右），在场地的一端用粉笔画两个直径约2米的圆。

C. 将两组人员带到场地另一端，主持人宣布活动开始，要求两组学员分别组成指定数量的多边形状（三个人组成三角形，四个人组成四边形，依此类推），剩余人员要立即跑到场地另一端的圆圈内，最快完成的一方胜出。例如当两组人员各为15人时，主持人宣布组成两个四边形和两个三角形，两组人员分别组成两个四边形（每个四边形4人组成）、两个三角形，剩余一人跑到球场另一端的圆圈内。

D. 主持人可根据人数设定组成形状的种类和数量，一般进行1 ~ 3次。

十、限时穿越

目的

加强学员的团队精神，激发团队意识。

时限

30分钟。

活动步骤

A. 将参与者分成2 ~ 3组，每组约10人。

B. 在开阔场地设立两组障碍，每组障碍两个，包括一个大呼啦圈，一根离地约0.8米的横杆。

C. 由两组人分别依次通过呼啦圈并越过横杆，率先完成的小组获得胜利。

十一、传递小圆环

目的

加强团队人员相互配合的能力。

时限

35分钟。

材料

直径1厘米的小圆环、长20厘米的木筷或竹筷。

活动步骤

A. 将参与者分成2 ~ 3组，每组约10人。

B. 每组人员分成两列纵队（每队5人），两队相距5米。

C. 活动开始后由纵队第一人用筷子套住小圆环跑到对面传给对面纵队的队员，在整个过程中小圆环不能落地，不允许用手拿小圆环，依次传递直至传到最后一人为胜利。

十二、蛛网负重

目的

让学员了解集体的力量，提高凝集力和团队成员之间的信任度。

材料

卷绳4个、直径1.5米的圆桌1张。

时限

40分钟。

活动步骤

A. 将参与者分成两组，每组约20人。

B. 每组人围成一圈，由圈内一人将卷绳投向圆圈对面组员，对面组员接住后拿住绳子一端，稍微调整方向再投向对面另一人，互相投掷圈绳直到圈内每人至少接到过一次，组成一张支撑网。

C. 将圆桌慢慢放在支撑网上，然后一人慢慢坐到桌上，全体组员慢慢提起支撑网，将坐在桌上的人慢慢抬起。

十三、双人带球接力

目的

提高组员相互配合的能力。

时限

35分钟。

材料

气排球2 ~ 3个。

活动步骤

A. 参与者分成2 ~ 3组，每组约12人。

B. 每组人员分成两列纵队（每队6人），两队相距10米。

C. 活动开始后由其中一个纵队的两人用躯干部夹住气排球运行至对面纵队，

再由对面纵队的两人运回，最后两人到达对面纵队处时间最少的为胜方。

十四、猜哑谜

目的

加强组员沟通协调能力。

时限

20分钟。

材料

白纸、笔。

活动步骤

A. 主持人事先将15个物品名称写在白纸上。

B. 参与者分成5组，每组派2人参加比赛。

C. 主持人将白纸上写的物品名称给参赛的其中一人看过后，要其用手势表达物品名称，由另一组员辨认，但表演者不能开口说话，其他组员也不能提示，猜得最多的一组为胜方。

十五、平面支撑

目的

提高学员的团队协作能力。

时限

20分钟。

材料

报纸。

活动步骤

A. 参与者分5组，每组约5人参赛。

B. 将报纸折成约0.6米^{2}的方形。

C. 每组5人尽可能站立在报纸中，脚掌任何部分不能超出报纸边缘，组员间可互相搀扶。

D. 能站稳2分钟且容纳人数最多的一组为胜。

十六、传乒乓球

目的

加强团队人员相互配合的能力。

时限

30分钟。

材料

筷子、乒乓球。

活动步骤

A. 参与者分2～3组，每组约10人。

B. 每组人员分成两列纵队（每队5人），两队相距10米。

C. 活动开始后由其中一个纵队队员用筷子夹住一个乒乓球运行至对面纵队，再由对面纵队两人运回，最后两人到达对面纵队处时间最少的为胜方。

十七、团队的智慧——故事接龙

目的

活跃气氛和使学员理解团队协作的作用。

时限

10～15分钟。

活动步骤

A. 将学员分组，每个组不超过6人。

B. 辅导员宣布游戏规则：各个小组不能沟通，要求不能运用典故、成语、寓言以及普遍都知道的故事，每个小组每人接一句。最后的队员用“这个故事的寓意是……”结束。

C. 各个小组依次讲故事。

D. 讨论。

通过这个游戏，我们看到团队合作与协作的重要性。

十八、七巧板

目的

了解团队合作双赢的重要性。

时限

10分钟。

材料

每个组一套七巧板。

活动步骤

A. 将学员分组，4 ~ 5人1组。

B. 辅导员发给每个组一套七巧板。

C. 让学员在5分钟内将七巧板拼成成一个正方形。

D. 评估和讨论。

每个人手中的资源是有限的，团队之间要合作才能达到双赢。在合作过程中沟通是很重要的，能提出互补性的合作方案是关键。

第二节　破冰和放松

一、接　　球

目的

活跃气氛。

材料

皮球等圆形球体。

时限

10 ~ 15分钟。

步骤

A. 参与者围成一个圈站立，辅导员站在圈的中间。

B. 参与者依次报数，每个参与者都有一个号。

C. 游戏开始时，辅导员把球向上方抛出并叫出一个号。接住球的学员成为新的主持人，如果没有接住球则表演一个节目后成为新的主持人继续游戏。

二、大风吹

目的

活跃气氛。

时限

20分钟。

步骤

A. 所有的学员都坐在椅子上围成一个圈，辅导员站在圈的中央，成为吹大风的人。

B. 辅导员开始吹风，吹什么风可以自由决定，例如可以是“吹向戴眼镜的人”，这时戴眼镜的人必须起身换个位子，辅导员可以趁机坐下，最后会有一个人没有位子。

C. 没有位子的人继续吹风，要想调动更多人的话，可以吹向“所有的男生或女生”。

D. 讨论。

D.1 讨论活动的关键点，是学员注意力集中并积极抢位子。

D.2 团队中引入竞争机制可以调动团队的积极性，激发战斗力。

三、雨点变奏曲

目的

活跃课堂气氛，提高学员的注意力和反应力。

时限

5分钟。

步骤

A. 学员在辅导员的指导下完成“小雨”、“中雨”、“大雨”、“暴雨”、“雨过天晴”。

- “小雨”：指尖互相敲击；
- “中雨”：拍巴掌；
- “大雨”：两手轮流拍大腿；
- “暴雨”：跺脚；
- “雨过天晴”：双手向上。

B. 辅导员说，学员根据内容作相应的动作。例如“现在下起了小雨，小雨渐渐变成中雨，中雨变成大雨，大雨变成暴雨。暴雨渐渐减弱成小雨，大雨变成中雨，又逐渐变成小雨……雨过天晴”。

四、地　　震

目的

- 加强学员团队合作意识。
- 让每个参与者思路更开阔、更活跃。

材料

开阔场地。

时限

15 ～ 20分钟。

活动步骤

A. 让每个参与者报数，1、2、3为一轮。

B. 报数1为松鼠，报数2、3者搭建房子。

C. 当辅导员叫“起火了”，松鼠不动，搭建房子的人需要变动位置，重新搭建房子；当辅导员叫“地震了”，松鼠、搭建房子的人均需要变动位置。

D. 3 ～ 5轮后，问学员参与后是否得到了放松。

五、欢乐IPM

目的

- 增强学员团队精神。
- 活跃气氛。

材料

瓢虫、蜘蛛、蜻蜓等图片。

时限

15 ～ 20分钟。

活动步骤

A. 每小组选1名代表。

B. 每人抽取1张图片贴在胸前。

C. 由蜘蛛先说，“蜘蛛爬，蜘蛛爬，蜘蛛爬完瓢虫飞”等，每人在说的同时必须比划相应的动作，进行3 ～ 5轮。

D. 接应慢的为输，并表演节目活跃气氛。

第三节　启示游戏

一、物品分类

目的

让参与者了解分类学基本原理。

时限

30分钟。

材料

准备20 ～ 30种物件，每5个物件具有统一特征，共分3 ～ 4类。大白纸、笔。

活动步骤

A. 将物件排成一排。

B. 参与者分成4 ～ 5组，每组学员逐一观察各个物件。

C. 各组讨论后将分类结果写在大白纸上并分别汇报结果。

二、害虫、天敌与农药

目的

- 让参与者认识农药对害虫及天敌的影响。
- 活跃气氛。

材料

害虫、天敌、农药图片。

时限

15 ～ 20分钟。

活动步骤

A. 参与者各自抽取各种图片并贴在胸前。

B. 所有参与者围成一个圈站好。

C. 辅导者叫害虫名时，所有天敌跑向圆圈中蹲下，叫农药时害虫、天敌跑向圆圈中蹲下。

D. 问学员参与后是否了解了农药对害虫和天敌的影响。

第十章 培训效果的评估

降低农药风险培训实施的评估按主体可以分为辅导员自我评估和外部人员评估。辅导员自我评估包括对培训课程内容的完成情况以及农民对培训内容的评估，可以只是简单的喜欢和不喜欢，还包括培训结束后的自我评估，总结自己培训的创新点，完成总结评估报告。这也可以说是农民田间学校培训本身的内容。外部人员评估主要是聘请专业人员按上述相应的内容进行客观、公正的评估。对评估结果可以用文字描述，权衡内容比例，量化打分或者以表格形式设置内容，包括好的地方和需要改进的地方、改进方法等直接评估。只有采取自我评估与外部人员评估相结合的方式，才能更全面地了解农民田间学校实施的效果和不足之处，扬长避短，将农业成果尽快转化到农业生产中。

质量监控与评估对于确保培训质量和效果具有关键作用，建立严密的质量监控和评估体系才能确保培训质量。培训质量监控与评估是培训管理流程中的一个重要环节，是衡量培训效果的重要途径和手段。开展降低农药使用风险效果评价、培训质量监控与评估，一方面可以掌握农民学员分析农药风险的方法和降低农药使用的技术得到了怎样的更新，农民学员产生了怎样的变化，是否将所学的东西运用到田间的农事操作活动中；另一方面可以根据评估结果确定下一步的培训计划，并能够针对存在的问题及时作出调整。

评估要自我评估和外部评估相结合，通过参加农民田间学校和知识传播手段来进行评估。

参加农民田间学校培训的学员毕竟是少数，所以在评估时，对农民辐射带动力的评估很关键，评估时可以考虑作物种植大户、基层农技人员、农药零售商、科技示范户、村里带头人这五类人参加农民田间学校的情况及其对周围农民的宣传和带动作用，通过了解农民田间学校指导农民科学技术推广的力度来了解农民田间学校的扩散力有多大。在知识传播方式的培训中可比较分析广播、电视讲座、口授、示范、张贴宣传画、板报宣传6种方式在农民中的影响力，评估农民田间学校采取哪种方式宣传效果更好。

第一节　监控与评估方法

一、开展个体访谈

在开展培训效果监控与评价时，对受训对象进行个体访谈是非常有必要的。对农民进行个体访谈的问题进行设计时，要以简单的问题，按从粗到细的顺序进行，如“在这里住了多少年，一直种植庄稼吗，一直使用农药吗，看到别人打农药你的反应如何，你们在哪里清洗农药器械，你家的农药储存在哪里，其他房间能闻到农药的味道吗”等。对农民的提问要尽量简单，由浅入深地提问，提问的方式可以用对比的方式进行。表10-1是提问的内容与提问方式的一个例子。

表10-1　农民个体访谈内容与方式设计表

内　容	提问方式设计
专题	哪些课程能吸引你，哪些你不感兴趣，通过参加培训有所收获吗，这些收获能否改变你田间的操作方式，从而进一步采用作物综合管理技术
试验	有能力自己设计并在自家地里进行试验吗？如果不能，问题出在哪里
培训效果评估	你与其他未参加农民田间学校培训的农民交流你在农民田间学校学习到的经验吗，与他们交流了哪些经验，他们反应如何
对培训的建议	在农民田间学校改进方面，你有什么建议

访谈的对象应各包括一部分参加培训的农民和未参加培训的农民，包括对受训的农民学员培训前后的访谈、对受训农民和未参加培训的农民的访谈，同时还需对当地的领导进行访谈，以便了解当地政府部门对项目的支持和接受程度。访谈可以包括病虫害防治时机的选择、防治方法、农药选择决策、防治信息、技术来源，农民对环境与健康的支付意愿，农民对病虫害进行防治决策的影响因素、作物栽培的信息来源、对问题的解决办法等内容，以便了解农民在防治行为、防治态度方面的变化和科技知识的提高程度。

二、评估者实地观察与农民的农事活动记录调查

在培训的实施区与辐射带动区，让参加培训的农民进行作物全生长季节农事活动记录，评估者对比分析培训前后农药使用品种和使用量的变化并进行经济效益分析，比较培训前后农民种植的作物中农药残留的变化，农药中毒事故的变化，农药中毒救护能力的变化等。分别在培训前和培训后深入到田间观察参加培训农民用药行为、农药包装袋处理方式的变化，调查了解其田间病虫和天敌数量变化，并作好记录和拍照。

三、开展关键性小组讨论

开展关键性小组讨论一般应组织10 ～ 15个农民参加，评估者提出相应的评估内容，如培训的效果、下一步即将采取的措施、培训存在的问题、培训得到的知识如何传播给其他农民等，然后以农民小组讨论的方式来完成评估。

四、以试卷的形式进行评估

以试卷的形式对培训效果进行评估，在对当堂内容进行辅导的同时，对农民田间学校的整个培训内容进行综合评估，评估的方式是培训前和培训后让培训者填写调查表，通过分析培训学员的调查表完成情况来进行评估。

第二节　监控与评估内容

一、培训目标完成情况与管理方式

对预期目标完成情况进行监控与评估是一项重要的内容。目标按范围可以分为总目标和分期目标，按实施进度可以分为初期目标、中期目标、后期目标。如社区农民培训的目标是降低农药使用风险，是一种应用剖析式、参与式的调查方法，对农药接触者存在的风险进行调查和分析，以农药安全使用作为培训重点，设计培训的形式和内容，并组织一些降低农药使用风险的社区行动，通过社区培训来激发农民参加农民田间学校的欲望，从而挑选到既愿意参加学习又乐于教会别人的农民来参加农民田间学校。

二、降低农药使用风险培训布局与管理方式

培训在省、市（州）、县（区）、镇（乡）、村委会、村小组的安排和布局要有利于项目在最快、最短的时间内扩散。在进行布局时要考虑是否在重点区域，是否是扩散能力强的地区，学员选择是否有种植大户、技术带头人，是否有对非参加学员有影响能力以及辐射带动力的人员参与培训。

降低农药使用风险培训围绕农药的使用风险与农药毒性和接触机会而设计培训内容，组织活动，鼓励和激发农民在生产中发现农药使用中存在的问题，分析产生问题的原因，引导农民自己制定并集体实施行动，最终解决农药使用风险的问题。在质量监控与评估培训效果时要充分考虑培训的时间、地点是否合理，是否开展了全方位的培训宣传活动；农民学员是否自己组织管理，方式如何，是否评价经费管理，辅导员管理方式如何，在培训前如何挑选学员，对农民学员的出勤情况是否有记录；在每次活动前是否准备好了有关专题内容和培训所需材料等。

三、是否进行农药风险调查与课程设计

降低农药使用风险培训课程的内容是否是在针对农药风险进行调查的基础上开发设计的，在课程设计上是否考虑到农药使用中出现大量超剂量，农民防治信息来源缺乏，防护措施差，包装废弃物乱丢现象严重等存在的问题并作为培训重点内容，以提高农民用药安全意识，降低农药风险。表10-2从使用前、使用过程以及使用后存在的问题分析，预计产生的风险，最后提出相应的培训内容。

表10–2　农药使用风险与课程内容设计

因　素	存在问题	产生的不利影响	预期目标	形式与内容设计
农药使用危害性	农药毒性	产生污染、残留等问题	降低使用风险	对害虫喷施不同级别毒性的农药
	缺乏相关病虫害知识	不能对症下药	合理使用	开展有关病虫害知识专题培训
	不读标签	使用农药时不按标签内容执行	正确读标签	标签识别竞赛
	不合理混用农药	导致产生拮抗现象	正确配用	中性与碱性农药混合防治效果测定

（续）

因　素	存在问题	产生的不利影响	预期目标	形式与内容设计
操作流程危害性	防护设备差	对身体产生不良影响	增加防护设备	喷施红墨水溶液以检查防护情况
	逆风施药	农药喷洒在施药者身上	顺风施药	演示顺风和逆风两种施药行为
	超剂量使用农药	产生抗药性	减少使用量	设置高剂量、最适剂量下病虫防治试验
	天热时施药	降低药效、污染施药者	适宜温度下施药	嗅高、低温度下的农药
	多次数使用农药	产生抗药性	减少使用次数	进行经济效益分析
	一家一户进行防治	虫害的迁移影响防治效果	共同行动	统防统治，集体行动
废弃物处理危害	随意丢弃包装袋	污染环境	回收包装袋	建立包装袋回收点
	剩余农药乱放	误食及污染环境	合理储藏	介绍不合理储藏农药的案例
	不清洗施药器械	施药器械上残留农药	清洗施药器械	清洗施药器械后的药液毒性试验
	施药后不进行个人清洁	皮肤吸收残留的农药	洗澡、洗衣	开展皮肤吸水试验

四、农民田间学校的专题讲座

注意专题讲座的设置是否与降低农药使用风险有关。另外，课堂气氛如何，农民的反应以及参与度、学员之间的协作力如何；辅导员时间控制如何，辅导员每次讲授和板书时间，每次是否有学员评估与反馈意见，组织学员讨论是否有序，是否对活动进行了总结；辅导员在辅导课程时的思维、考虑问题的角度是否清晰，提问是否与本节的内容相关，是否鼓励农民回答和思考问题；培训时是否尊重农民和他们的意见、观点等，这些都会影响农民田间学校实施的效果。在培训中帮助学员理解一些新事物的时候，辅导员都要从简单到复杂，从学员知道的开始，再到不知道的，循序渐进。培训过程中要尽力使讨论生动活泼，保持流畅。当学员根据他们自己的观察和讨论仍不能回答某些问题的时候，辅导员应该引导农民思考问题的答案，以农民看见的现象来引导他们理解病虫害症状和掌握防治技术，以村里熟悉人的面孔，来吸引农民的视觉。要密切注意每个学员的参与度，鼓励沉默、不发言的人积极参与讨论与活动。有学员发言时应该让其他人集中注意力听他讲。讨论的内容与专题有关，鼓励他们与其他人分享自己的观点。

五、培训的课程设置与试验

在培训中是否展示了农药对人体、环境等的危害，针对大多数农民存在的问题和关心的问题是否设置和安排有试验研究，并对试验结果进行记录和分析等。试验是否是按农民的要求设计和开展的。

六、团队活动开展

农民田间学校评估还需考虑团队活动的实施情况，是否每次培训都有团队活动、团队活动内容与专题的主题是否相关。在开展每一次团队活动前都要准备好所需要的全部材料，在团队活动结束后，都要进行团队活动经验的分享，分析团队活动中比赛的结果和取得胜利的原因，从而达到引导农民的目的。如进行协作进行运水活动，让农民理解团结的力量，从而告诉农民对迁飞性害虫需采取集体行动。

第三节　降低农药风险培训质量监控和评估指标体系

评估指标的设立直接关系到评估的成功与否，只有选择易于操作、客观、适中的指标才能有利于评估工作的顺利开展（表10-3）。有关降低农药使用风险农民培训实施效果的评估可以考虑表10-4所列指标。另外，由于农民个体差异较大，在进行评估时一定要选择不同类型的农民，才能让评估结果更具有代表性。评估时要注意农民之间的影响，尤其是在个体访谈时，农民相互之间的影响很大，在评估时要单独对其开展评估，避免农民之间的相互影响而影响到评估质量。

表10-3　培训监控和评估指标类别

构建	准备	组织	实施	内容
选址 学员选择 场地选择 辅导员配备	课程设置 材料准备 分组	学员参与 辅导员参与 当地支持	辅导技巧 学员参与性 活动程序	BBT 试验研究 游戏 专题

表10–4　降低农药使用风险农民培训实施效果评估指标设置表

评价内容	评　价　指　标
农药购买选择	零售商建议、邻居或其他农民建议、推广部门建议、看广告、自己选择、其他
标签阅读	农民通过阅读标签知道农药安全生产间隔期和农药三证的比例增加了
农药施用	施药时间：①上午8 ~ 10时，②不固定，随意，③下午4时以后，④其他时间
农药量取	量取方法：①使用量杯或量筒量取，②使用瓶盖量取，③直接倒 农药配制方法：①采用二步法稀释，②直接加足水量
个人防护	配药和施药时：①戴手套，穿胶鞋、皮鞋、长裤，戴口罩等，②穿防护雨披或围裙，③没注意、随便穿
现场抽烟、喝水	在施药现场抽烟及喝水的有多少
个人清洁	①用肥皂和清水洗手，②洗手，③洗澡，④换衣
空包装处理	①随便扔在地头，②埋掉，③烧掉，④收入塑料袋中带离田间后处理，⑤其他
器械维护、保养	施药时喷雾器出现跑、冒、滴、漏现象：①检查，②及时维修
器械清洗	是否清理喷雾器，清洗喷雾器的水倒入沟渠的比例。①倒入沟渠，②倒入地里，③倒在水井边
农药存放	①锁进农药箱，②放在家里隐蔽处，③在家里随便放，④储存于农棚里
农药的其他方面	①中毒急救，②农药残留，③农药投入成本
农药店	农药销售种类和量的变化

评估质量时，可以采用统一的打分系统来打分，表10-5列出了降低农药风险质量评分的构建、准备、组织、实施、内容五个类别指标的建议分值，也可以根据不同的评估目的进行调整。

表10–5　降低农药风险培训质量评分

类别	满分	得分	比值
构建	15		
准备	10		
组织	15		
实施	20		
内容	40		

附录一 社区农药风险调查表

附表1　农药使用量

省：________市：________村：________日期：________

调查者：________农户姓名：________

年度作物种类	种植面积（亩）	喷雾器容积（升）	次／季	每季使用农药量（升或千克）	农药使用总量（升／年）
作物1：					
作物2：					
作物3：					
作物4：					
全年合计					

附表2 家庭农药储存及农药废弃物处理调查

提示：请用“/”标出农药储存及废弃物处置的位置。

观察点	农户				总计	%
	1	2	3	4		
农药及药械储存						
对小孩不安全						
对牲畜不安全						
对饮水不安全						
对食物不安全						
农药废弃物处理						
对小孩不安全						
对牲畜不安全						
对饮水不安全						
对食物不安全						

附表3 农药店农药储存及销售人员防护用品使用情况调查

提示：请用“/”标出农药店农药储存及农药店销售人员防护用品使用情况。

观察点	农药店				总计	%
	1	2	3	4		
农药存放不安全因素						
对小孩不安全						
对牲畜不安全						
对饮水不安全						
对食物不安全						
其他（请注明）						
销售时防护情况						
戴手套						
戴口罩						
无防护用品						
其他（请注明）						

附表4　农药抽样调查（农药店、农户和田间）

省：________市：____________村：________日期：________调查人：__________

序号	通用名称	毒性级别	种类（杀虫剂、杀菌剂、除草剂等）	标签是否合格	备注
1					
2					
3					
4					
5					
6					
7					
8					
9					
10					
11					
12					
13					
14					
15					
16					
17					
18					

附表5　农药处置情况调查（喷药前、中、后）

到农户家和农田访谈农户或观察喷药行为。

省：________市：________村：_________日期：______调查人：_________

观察点	农民				合计	%
	1	2	3	4		
喷药前行为						
戴上手套						
戴上口罩						
混合前阅读标签						
检查喷药工具						
混合两种农药						
混合两种以上农药						
配药时双手与农药接触						
喷药地点附近有小孩						
配药点靠近水源						
其他（请注明）						
喷药时行为						
戴口罩						
穿雨鞋						
穿长袖衣服						
戴手套						
穿长裤						
戴帽子（如草帽等）						
戴防护眼镜						
背部戴上塑料防垫（以防泄漏）						
吸烟、喝水等						
考虑风向						
用已污染的手擦拭眼睛、脸部						
喷雾器滴漏						
直接用手或嘴修理喷雾器						
其他（请注明）						
喷药后行为						
衣服湿了						
吃东西、吸烟						
饮水（软饮料等）						

（续）

观察点	农民				合计	%
	1	2	3	4		
洗澡						
洗衣服						
在水源或水源附近清洗喷雾器						
其他（请注明）						

附表6　农药中毒症状和体征调查

省:________市:__________村:____________日期:________调查人:________

提示：如采访农民时有以下症状和体征，请用“/”标出。

序号	症状和体征	农民数量				合计	%	备注
		1	2	3	4			
1	过量出汗							
2	红眼							
3	眼睛有灼烧感/眼睛发痒							
4	过量流泪							
5	流鼻涕							
6	过量分泌唾液							
7	眼皮发痒							
8	视力模糊							
9	鼻子有灼烧感							
10	流鼻血							
11	头晕							
12	惊厥/抽搐							
13	失去意识							
14	昏迷							
15	呕吐							
16	喉咙痛							
17	胸口疼痛/灼热							
18	恶心							
19	胃痉挛							
20	麻木							
21	腹泻							
22	皮痒							
23	步态蹒跚							
24	掉指甲							
25	疹子（红/白）							

（续）

序号	症状和体征	农民数量				合计	%	备注
		1	2	3	4			
26	颤抖							
27	抽筋							
28	肌无力							
29	喘鸣（呼吸急促）							
30	喉咙干燥							
31	头痛							
32	疲劳乏力							

附表7　农药中毒症状和体征汇总

省：________市：__________村：____________日期：________调查人：________
样本数（调查农民数）：__________

症状与体征级别	症状	农民数量	%	体　征	农民数量	%
（Ⅰ）轻度中毒	红眼 过量流泪 出疹子（红/白） 皮痒			眼睛有灼烧感/眼睛发痒 鼻子有灼烧感 喉咙痛 麻木 喉咙干痒		
（Ⅱ）中度中毒	过量出汗 过量流泪 过量分泌唾液 眼皮发痒 流鼻血 呕吐 步态蹒跚 颤抖 喘鸣 掉指甲 流鼻涕			视力模糊 胸口痛/灼烧 胃痉挛 肌肉痉挛（抽筋） 腹泻 呼吸短促 头痛 肌肉乏力 疲劳		
（Ⅲ）重度中毒	惊厥 丧失意识 昏迷					

附录二 降低农药风险社区农民培训报告

辅导员姓名:______培训日期:______年______月______日 至______月______日

培训地点:________省_____________地区____县______乡镇________________村

学员名单和出勤情况			
学员姓名	参加社区农民培训的次数		
	1	2	3

农民学员信息					
	数量	%	年龄	男	女
性别:					
男			< 20岁		
女			20 ~ 29岁		
受教育程度:			30 ~ 39岁		
文盲			40 ~ 49岁		
小学			50 ~ 59岁		
初中			> 60岁		
高中					

（续）

序号	症状和体征	农民数量 1	2	3	4	合计	%	备注
26	[illegible]							
27	抽筋							
28	肌无力							
29	[illegible]							
30	喉咙干燥							
31	头痛							
32	疲劳乏力							

附表7　农药中毒症状和体征汇总

省：________ 市：__________ 村：____________ 日期：________ 调查人：________

症状与体征级别	症状	农民数量	%	体　征	农民数量	%
（Ⅰ）轻度中毒	红眼			眼睛有灼烧感/眼睛发痒		
	过量流泪			鼻子有灼烧感		
	出疹子（红/白）			喉咙痛		
	皮痒			麻木		
				喉咙干痒		
（Ⅱ）中度中毒	过量出汗			视力模糊		
	过量流泪			胸口痛/灼烧		
	过量分泌唾液			胃痉挛		
	眼皮发痒			肌肉痉挛（抽筋）		
	流鼻血			腹泻		
	呕吐			[illegible]		
	步态蹒跚			头痛		
	颤抖			肌肉乏力		
	喘鸣			疲劳		
	流鼻涕					
（Ⅲ）重度中毒	惊厥					
	失去意识					
	昏迷					

降低农药风险社区农民培训报告

培训日期：　年　月　日 至　年　月　日

培训地点：________地区____县______乡镇______村

学员名单和出勤情况

学员姓名	参加社区农民培训的次数 1	2	3
样本数（调查农户数）			

农民学员信息

性别：	年龄
男	<20岁
女	20～29岁
受教育程度：	30～39岁
文盲	40～49岁
小学	50～59岁
初中	>60岁
高中	

社区农药风险调查结果分析

社区农民培训课程表，课程内容和时间分配情况		
日期	社区农民培训内容	培训时间

培训前／后BBT测试成绩比较		
农民学员	训前	训后

训前BBT问题和答案选项

训后BBT问题和答案选项

社区行动计划、完成时间框架及辅导员监控和评估计划

农民社区培训评估情况			
培训内容	满意的地方	不满意的地方	改进措施和方法

参加社区培训的农民是否有兴趣参加下一步开办的全生育期的农民田间学校

社区农民培训的照片（可选）

社区农药风险调查统计

调查表：农药中毒的症状和体征（附录一 附表7）

农户农药储藏和农药废弃物处理调查统计表

安全 = ● 不安全 = ●	农药储藏	废弃物处理
对水		
对食物		
对牲畜		
对小孩		

农药毒性调查统计表

毒性级别	百分比（%）	样本数（$n=$ ）
剧毒		
高毒		
中毒		
低毒		
微毒		

农药种类调查统计表

农药种类	百分比（%）	样本数（$n=$ ）
杀虫剂		
杀菌剂		
除草剂		
杀鼠剂		

附录三 中国农药监管重要法律法规名录

《农药安全使用规定》（1982年颁布）

《农药广告审查办法》（1995年颁布）

《中华人民共和国农药管理条例》（1997年颁布，2001年修订）

《中华人民共和国农药管理条例实施办法》（1999年颁布，2002年、2004年、2007年修订）

《关于对进出口农药实施登记证明管理的通知》（1999年颁布）

《农药登记药效试验单位认证管理办法》（2001年颁布）

《农药限制使用管理规定》（2002年颁布）

《农药登记残留试验单位认证管理办法》（2002年颁布）

《中华人民共和国农产品质量安全法》（2006年颁布）

《农药标签和说明书管理办法》（2007年颁布）

《农药登记资料规定》（2007年颁布）

《关于农药运输的通知》（2009年颁布）

《农药产业政策》（2010年颁布）

《关于打击违法制售禁限用农药　规定农药使用行为的通知》（2010年颁布）

《农业部办公厅关于推进农作物病虫害绿色防控的意见》（2011年颁布）

《农业部关于加快推进农业清洁生产的意见》（2011年颁布）

《农药使用安全事故应急预案》（2012年颁布）

《农业部关于加快现代化植物保护体系建设的意见》（2013年颁布）

附录四 中国禁限用农药名录

中华人民共和国农业部第194号、第199号、第322号和第1586号公告中明确规定了在我国范围内禁用、限用的农药。国家明令禁止生产经营使用的农药和不得在蔬菜、果树、茶叶、中草药材上使用的高毒农药品种如下。

1. 禁止使用的33种农药

甲胺磷、对硫磷、久效磷、六六六、滴滴涕、毒杀芬、苯线磷、杀虫脒、除草醚、艾氏剂、狄氏剂、敌枯双、汞制剂、硫线磷、毒鼠强、毒鼠硅、治螟磷、蝇毒磷、磷化钙、磷化镁、磷化锌、砷类、铅类、甘氟、磷胺、氟乙酰胺、地虫硫磷、甲基硫环磷、二溴乙烷 、二溴氯丙烷、氟乙酸钠、甲基对硫磷、特丁硫磷。

2. 限制使用的17种农药

甲拌磷、甲基异柳磷、内吸磷、克百威、涕灭威、灭线磷、硫环磷、氯唑磷，禁止在蔬菜、果树、茶叶、中草药材上使用。

氧乐果禁止在甘蓝、柑橘树上使用。

三氯杀螨醇、氰戊菊酯和硫丹禁止在茶树上使用。

丁酰肼禁止在花生上使用。

水胺硫磷和灭多威禁止在柑橘树上使用。

灭多威和硫丹禁止在苹果树上使用。

溴甲烷禁止在草莓、黄瓜上使用。

氟虫腈除卫生、玉米种子包衣外，禁止销售和使用。

附录五 国际农药监管法律法规

法规1 国际农药管理行为守则
(International Code of Conduct on Pesticides Management)

http://www.fao.org/fileadmin/templates/agphome/documents/Pests_Pesticides/Code/Code2013.pdf

2013年6月15～22日在罗马召开的联合国粮食及农业组织(FAO)第38届大会批准了《国际农药管理行为守则》(以下简称《守则》)。《守则》是《农药供销与使用行为守则》的修订版，制定《守则》的宗旨是为所有从事或涉及农药管理的公共和私营实体，尤其是为未出台国家农药监管法律或此种法规不健全的地方的公共和私营实体确定自愿性行为标准。

文本共12条，涉及《守则》的目标、术语和定义、农药的管理、检测、减少健康和环境风险、监管技术要求、供销与使用、贸易、信息交流、标签、包装、储存及处置、广告以及《守则》的遵守与监督等诸方面。

《守则》阐述了多个社会部门一起努力的共同责任，以便从必要和可接受的农药使用中获益，而又不对人畜健康及/或环境带来重大不利影响。说明农药出口国与进口国政府之间需要合作努力，推广尽量减少与农药有关的健康及环境风险，同时确保农药有效使用的做法。采用农药管理“生命周期”的方针处理与各种农药的开发、登记、生产、贸易、包装、标签、供销、储存、运输、处理、施用、使用、处置和监测相关的所有主要方面，以及农药残留、农药废弃物和农药包装物的管理，旨在促进有害生物综合治理和综合病媒管理。

法规2　鹿特丹公约

（Convention on International Prior Informed Consent Procedure for certain Trade Hazardous Chemicals and Pesticides in International Trade Rotterdam）

http://www. pic. int/

《有关危险化学品和化学农药国际贸易的鹿特丹公约》又称《PIC公约》，是联合国环境规划署和联合国粮食及农业组织1998年9月10日在鹿特丹制定的，于2004年2月24日生效。中国在2005年3月正式成为缔约国。《公约》的宗旨是保护包括消费者和工人健康在内的人类健康和环境免受国际贸易中某些危险化学品和农药的潜在有害影响。

《鹿特丹公约》由30条正文和5个附件组成。其核心是要求各缔约方对某些极危险的化学品和农药的进出口实行一套决策程序，即事先知情同意（PIC）程序。《公约》适用范围为禁用或严格限用的化学品、极为危险的农药制剂。《公约》以附件三的形式公布了第一批极危险的化学品和农药清单。其目标是就国际贸易中的某些危险化学品的特性进行资料交流，为此类化学品的进出口规定一套国家决策程序并将这些决定通知缔约方，以促进缔约方在此类化学品的国际贸易中分担责任和开展合作，保护人类健康和环境免受此类化学品可能造成的危害，并推动以无害环境的方式加以使用。

《鹿特丹公约》明确规定，进行危险化学品和化学农药国际贸易各方必须进行信息交换。进口国有权获得其他国家禁用或严格限用的化学品的有关资料，从而决定是否同意、限制或禁止某一化学品将来进口到本国，并将这一决定通知出口国。出口国将把进口国的决定通知本国出口部门并做出安排，确保本国出口部门货物的国际运输在不违反进口国决定的情况下进行。它并不主张禁止某些特定化学品的全球贸易或者使用，而是为进口成员国提供了一种机制，使其能够决定他们需要什么样的化学品，而排除他们不能安全管理的化学品。

法规3 斯德哥尔摩公约
（Stockholm Convention on Persistent Organic Pollutants）

http://www. pops. int/

持久性有机污染物（POPs）是指高毒性的、持久的、易于生物积累并在环境中长距离转移的化学品。《斯德哥尔摩公约》旨在减少或消除POPs的排放，保护人类健康和环境免受其危害。公约于2004年5月17日在国际 上正式生效，2004年11月11日，公约正式对我国生效。

《斯德哥尔摩公约》分前言、正文和附件3部分。前言中阐述了一些原则和认识，如共同而有区别的原则、预先防范原则等。

公约规定，各缔约方应采取必要的法律和行政措施，以禁止和消除有意生产的POPs及其使用，并严格管制其进口；促进最佳使用技术和最佳管径实践的应用，以持续减少并最终消除无意排放的POSs；查明并以安全、有效对环境无害化的方式处置POPs库存及废弃物。

《斯德哥尔摩公约》同时规定了增补POPs的标准和程序，以及资金资源和机制，并要求发达国家提供额外的资金资源和技术援助。此外，还包括了关于信息交换、公众宣传认识和教育、研究开发和监测、报告、成效评估等方面的条款。

附件中规定了首批受控的12种POPs，被称为“肮脏的一打”，并规定了针对上述12种POPs采取的措施。 2009年5月4 ～ 8日，《斯德哥尔摩公约》第四次缔约方大会同意减少并最终禁止使用9种新增的POPs，使受控的POPs增至21种。这是针对《斯德哥尔摩公约》的第一次修改，公约从此展开新篇章。

法规4 国际植物保护公约
（International Plant Protection Convention）

http://www. ippc. int//

《国际植物保护公约》是目前国际植物保护领域影响最大、范围最广的国际合作公约。是1951年联合国粮食和农业组织（FAO）通过的一个有关植物保护的多边国际协议，1952年生效。1979年和1997年，联合国粮农组织分别对《国际植物保护公约》进行了两次修改，2005年10月20日，我国正式加入国际植物保护公约(IPPC)，成为第141个缔约方。

《国际植物保护公约》的目的是确保全球农业安全，并采取有效措施防止有害生物随植物和植物产品传播和扩散，促进有害生物控制措施的实施。《国际植物保护公约》为区域和国家植物保护组织提供了一个国际合作、协调一致和技术交流的框架和论坛。由于认识到《国际植物保护公约》在植物卫生方面所起的重要作用，世界贸易组织《实施卫生与植物卫生措施协议》规定IPPC秘书处为影响贸易的植物卫生国际标准（植物检疫措施国际标准，ISPMs）的制定机构，并在植物卫生领域起着重要的协调一致的作用。

法规5　拉姆塞尔公约

(Ramsar Convention) or Convention of Wetlands of International Importance Especially as Waterfowl Habitats

http://www.ramsar.org

是为了保护湿地而签署的全球性政府间保护公约，全称为《关于特别是作为水禽栖息地的国际重要湿地公约》。湿地公约于1971年2月2日在伊朗的拉姆萨尔签署，所以又称《拉姆萨尔公约》。《公约》于1975年12月21日正式生效，中国于1992年成为《公约》的缔约方。

该《公约》由序言和12条正文组成。其宗旨是承认人类同其环境的相互依存关系，通过协调一致的国际行动确保作为众多水禽繁殖栖息地的湿地得到良好的保护而不致丧失。《公约》规定，缔约国至少指定一个国立湿地列入国际重要湿地名单中，并要求缔约国在养护、管理和明智利用移栖、野禽原种方面的国际责任，设立湿地自然保留区，合作进行交换资料，训练湿地管理人员。

水稻田是国际湿地公约中所认可的重要湿地类型之一，公约也要求减少农药的使用来保护湿地的生物多样性。但是，引入抗虫转基因水稻来减少农药的使用并不是明智之举，反而会带来更多未知的风险。2012年，在罗马尼亚布加勒斯特召开的国际湿地公约第11次大会上，经过与会代表的激烈争论和多家非政府组织的反对，在最终形成的公约文本中明确指出，“只有传统育种而得的水稻品种才能被种植于稻田，以保护湿地生态系统。”中国支持国际湿地公约，采纳反对转基因水稻的决议。

参考文献

蔡道基 . 1999. 农药环境毒理学研究 [M]. 北京：中国环境出版社 .

陈曙旸，王鸿飞，尹萸 .2005. 我国农药中毒的流行特点和农药中毒报告的现状 [J]. 中华劳动卫生职业病杂，23(5): 336-339.

冯小鹿 . 2001. 妇女“三期”不可喷施农药 [J]. 农村科学实验 (8):35.

康乐 .2007. 揭示害虫猖獗机制，服务农业可持续发展 [OL]. http://news.sciencenet.cn/html/showsbnews.1 aspx?id=185738.

孔文明，陈金磊，肖国兵 . 2011. 长期农药接触对女性生殖系统功能影响的 Meta 分析 [J]. 浙江预防医学，23(1): 22-24.

李翠兰 . 2009. 浅谈农业生态系统养分循环中的环境问题 [J]. 农业技术与装备（24）:180.

刘增新 .1998. 农药对人体及其他生物的危害 [J]. 生物学教学 (4):36.

倪艳华，李忠阳 . 2005. 食品农药污染现状及监督管理对策 [J]. 中国卫生监督杂志，12（1）:58-59.

农业部农药鉴定所 . 2010. 农药安全使用知识 [M]. 北京：中国农业出版社 .

孙菁 .2010. 除草剂的风险研究——百草枯案例 [M]. 昆明：云南大学出版社 .

夏宝凤，储惠，薛春宵 . 1999. 职业性药疹型皮炎 [J]. 中国工业医学杂志，12（5）：298-302.

阎秀花，李玉珍 . 2002. 农药污染与人体健康 [J]. 衡水师专学报 ,4（1）：45-47.

杨红艳，孙菁 . 2011. 蝇香对人体健康影响的初步研究 [J]. 中华卫生杀虫药械，17(2): 94-5.

杨普云，等 .2008. 参与式农民培训——农民田间学校指南 [M]. 北京：中国农业出版社 .

姚建仁，郑永权，董丰收，等 . 2008. 中国农药急性中毒致因探讨 [J]. 世界农药，30(1):45-51.

Aizen M A , Garibaldi L A , Cunningham S A, et al. 2009. How much does agriculture depend on pollinators? Lessons from long-term trends in crop production[J]. Annals of Botany, 103: 1579-1588.

Aizen M A, Harder L D. 2009. The global stock of domesticated honey bees is growingslower than agricultural demand for pollination[J]. Current Biology, 19: 915-918.

Al-Shatti A K S, El-Desouky M, Zaki R, et al. 1997. Health care for pesticide applicators in a locust eradication campaign in Kuwait. 1988–1989[J]. Environmental Research, 73:219-226.

Buckley J D, Meadows A T, Kadin M E, et al. 2000. Pesticide Exposures in Children with Non-Hodgkin Lymphoma[J].American Cancer Society , 89(11):2315-2321.

Calvert G M, Mehler L N, Rosales R, et al. 2003. Acute pesticide-related illness among working youths.1988–1999[J]. American Journal of Public Health, 93(4):605-610.

Gallai N, Salles J M, Settele J, et al. 2009. Economic evaluation of the vulnerability of world agriculture confronted with pollinator decline[J]. Ecological Economics, 68: 810-821.

Garibaldi L A , Aizen M A , Klein A M,et al.2011. Global growth and stability of agricultural yield decreases with pollinator dependence[J]. Proceedings of the National Academy of Sciences of the United States of America, 108: 5909-5914.

George W N, Guillermo E S, Dionne C H, et al. 2003. International Food Policy Research Institute [OL]. http://www.ifpri.org/sites/default/files/publications/focus10_10.pdf.

Guidelines for Development of Curricula for Training on Pesticide Risk Reduction[R].2007. Bangkok: FAO Reginal IPM Programme in Asia.

Haroldv van der, Irene K.2013. Aspects Determining the Risk of Pesticides to Wild Bees: Risk Profiles for Focal Crops on Three Continents [R]. Rome: FAO

Hellen Murphy. 2002. Farmer and School Children Cross Sectional Surveys on Health Effects of pesticides[R]. Bangkok: FAO.

Hellen Murphy. 2002. Farmer Self Surveillance System of Pesticide Poisoning [R]. Bangkok: FAO.

Klein A M , Vaissiere B , Cane J H, et al. 2007. Importance of pollinators in changing landscapes for world crops[J]. Proceedings of the Royal Society London, 274: 303-313.

Kotche, Matthew J N. 1999.Incorporating Resistance in Pesticide Management a Dynamic Regional Approach. University of Michgan [OL].. http://environment.yale.edu/kotchen/pubs/resistance.pdf.

Ma X M, Buffler P A, Gunier R B, et al. 2002. Critical Windows of Exposure to Household Pesticides and Risk of Childhood Leukemia[J]. Environmental Health Perspective, 110(9):955-960.

Pingali P L, Roger P A. 1995.Impact of pesticides on farmer health and the rice environment[M]. Manila: Kluwer Academic Publishers.

Pogoda J M, Martin S P. 1997.Household Pesticides and Risk of Pediatric Brain Tumors[J]. Environmental Health Perspectives, 105(11):1214-1220.

Richter E D, Pesticideuse S J. 1997. Exposure, and risk: a Joint Israeli-Palestinian perspective [J]. Environmental Research,73:211-218.

Rudant J, Menegaux F, Leverger G, et al. 2007. Household Exposure to Pesticides and Risk of Childhood Hematopoietic Malignancies: The ESCALE Study (SFCE)[J]. Environmental Health Perspectives, 115(12):1787-1793.

Stateiwide Intergated Pest Management Project, Divison of Agricultural and Natural Resources, University of Califonia. 1997. Worker Protection Standard Training For Fieldworkers: Teaching Workers How to Protect Themselves From Pesticide Harzards in the Workplace[R]. Califonia: University of Califonia.

U.S. Government. 2011. 亚太经合组织（OECD）贸易援助案例[OL]. http://www.oecd.org/aidfortrade/47435024.pdf.

Watts M. 2009.农药与乳腺癌[M]. 纪敏，译.昆明：云南科学技术出版社.

Whorton D. 1977. Infertility in male pesticide workers[J]. The Lancet, 310:1259-1261.